中国家庭金融相关问题研究

赵思博　赵大伟　著

责任编辑：董梦雅
责任校对：潘　洁
责任印制：陈晓川

图书在版编目（CIP）数据

中国家庭金融相关问题研究／赵思博，赵大伟著．—北京：中国金融出版社，2023.6
ISBN 978-7-5220-2036-5

Ⅰ.①中…　Ⅱ.①赵…②赵…　Ⅲ.①家庭—金融资产—研究—中国
Ⅳ.①TS976.15

中国国家版本馆 CIP 数据核字（2023）第 099420 号

中国家庭金融相关问题研究
ZHONGGUO JIATING JINRONG XIANGGUAN WENTI YANJIU
出版发行　中国金融出版社
社址　北京市丰台区益泽路 2 号
市场开发部　(010)66024766，63805472，63439533（传真）
网上书店　www.cfph.cn
(010)66024766，63372837（传真）
读者服务部　(010)66070833，62568380
邮编　100071
经销　新华书店
印刷　北京七彩京通数码快印有限公司
尺寸　169 毫米×239 毫米
印张　12.25
字数　178 千
版次　2023 年 6 月第 1 版
印次　2023 年 6 月第 1 次印刷
定价　58.00 元
ISBN 978-7-5220-2036-5

本书系国家社会科学基金一般课题“生命历程视域下中国居民家庭金融健康研究”（22BSH064）阶段性研究成果。

前　言

过去半个世纪的技术进步和全球社会金融化进程的迅速发展给中国创造了巨大的经济繁荣，同时也让中国家庭愈加深度融入现代金融系统，成为影响全民生产力和经济发展质量的重要因素。家庭金融行为是经济循环和金融系统运行的重要一环，鼓励家庭金融投资、保障家庭金融健康业已成为持续释放内需潜力、保障经济金融健康发展的重要抓手。

特别是在新冠疫情的冲击下，中国社会生产和居民生活受到了较大的影响，但中国家庭金融资产总额仍然保持稳定的增长态势，呈现出较强的韧性，这主要归功于中国历年来惠民富民政策的出台和落实，以及家庭收入的稳定增长和收入结构的持续优化，中国特色社会主义进入新时代，我国经济已由高速增长阶段转向高质量发展阶段，相信未来中国家庭金融资产、人均净金融资产将继续保持稳步增长势头。目前，中国居民实物资产占比远超金融资产，但随着金融市场快速发展和金融体系改革不断迈向纵深，提供给家庭进行金融资产配置的投资选择也日益增多。加之居民财富管理意识日益增强，未来几年，居民个人资产配置选择将从实物资产逐渐转向金融资产。因此，家庭金融市场参与、家庭资产配置及其影响因素将越来越成为人们关注的重点。对于中国家庭金融相关问题的研究，不仅能够深化对中国居民家庭金融行为和资产配置状况的认识，增强居民和家庭的金融健康意识，同时也有助于制定和改进消费政策，调整经济结构，防范家庭金融风险。为中国居民家庭生活福利的提高和财产性收入的增长提供指导方向。鉴于此，对中国家庭金融相关问题展开深入的研究具有很强的现实意义和理论价值。

第一，本书介绍了中国家庭金融的研究背景并对家庭金融、家庭财富、家庭资产、家庭资产配置、家庭金融资产与金融资产选择以及金融健康等概念进行界定。第二，详细阐释健康状况、风险态度对家庭金融投资行为的影响机制，并从金融社会学的视角阐释了健康作为一种资本正逐渐被投资者所重视，为更好地理解居民家庭的资产配置和实现其资产增值提供了新的方向。第三，从全新的角度探究商品房与自建/扩建房对家庭金融投资的影响异同。同时，充分考虑金融素养在住房类型与家庭金融投资行为之间存在中介效应，从而更好地理解城市居民家庭的金融投资选择。第四，基于心理账户理论和住房财富效应理论，研究探讨房屋拆迁对家庭金融风险资产投资的影响。第五，对中国居民家庭金融健康状况在年龄、时期及队列上的趋势进行考察。通过内生因子法，有效地分离了年龄，时期和队列效应，从而对金融健康在三个维度上的演化趋势进行了估计。第六，通过对2015年中国家庭金融调查数据的分析，讨论风险态度、借贷行为对创业活动的影响。第七，基于中国家庭金融调查2019年的数据，实证检验了金融排斥与金融素养对中国家庭创业的影响。从金融排斥和金融素养角度丰富了居民创业活动的研究，以期对进一步推动普惠金融体系建设有所助益。第八，基于数字科技在金融行业广泛应用的大背景，对“如何使家庭能够以较低的成本消费更多的金融产品和服务？如何使家庭能够更多地从金融发展中获益？如何保障家庭金融健康？”等一系列问题进行探讨。第九，在厘清金融科技背景下金融消费者权益保护面临的新机遇、新挑战的基础上，研究如何进一步加强金融消费者权益保护、促进家庭金融发展。

本书的作者既有在高校从事教学科研的老师，也有在央行从事政策分析的研究人员，希望能够借这本书吸引更多的专家、学者和从业人员关注中国家庭金融的发展，助力完善中国家庭金融相关的理论基础，并对后续实证研究的深入开展有所助力。

目 录

第一章　中国家庭金融的研究背景和概念界定

过去半个世纪的技术进步和全球社会金融化进程的迅速发展，给中国创造了巨大的经济繁荣，同时也让中国家庭愈加深度融入现代金融系统，成为影响全民生产力和经济发展质量的重要因素。当前中国家庭财富总额呈现爆发式增长。《2022年全球财富报告》显示，中国家庭财富规模增加至85万亿美元（约600万亿元人民币）。中国成人人均财富则达到76639美元（约54万元人民币），在过去21年间增长超过10倍。《2022年中国财富报告》的数据同样证实，2021年中国居民财富总量已达到687万亿元，居全球第二位，仅次于美国；户均资产也达到了134万元。从结构层面上来看，目前中国家庭实物资产（主要是房地产）占总财富比重为69.3%，金融资产占比为30.7%；居民家庭的金融资产分布仍然集中于现金、活期存款和定期存款等无风险性金融资产，占比约为53%，权益资产和公募基金占比约19%。

虽然目前中国居民实物资产占比远超金融资产，但随着金融市场快速发展和金融体系改革不断迈向纵深，提供给家庭进行金融资产配置的投资选择也日益增多。加之居民财富管理意识日益增强，未来几年，居民个人资产配置选择将从实物资产逐渐转向金融资产。因此，家庭金融市场参与、家庭资产配置及其影响因素将越发成为人们关注的重点。对于中国家庭金融相关问题的研究，不仅能够深化对中国居民家庭金融行为和资产配置状况的认识，增强居民和家庭的金融健康意识，同时也有助于制定和改进消费政策，调整经济结构，防范家庭金融风险，为中国居民家庭生活福利的提高和财产性收入的增长提供指导方向。

一、家庭金融的相关概念与内涵

（一）家庭金融

2006年美国金融学年会上，美国经济学家Campbell首次对家庭金融进行了系统的论述，将其与公司金融、资产定价并列为微观金融学研究的三大领域。时至今日，家庭金融已随着金融经济学的发展逐步成为一个新的独立研究方向，其关注家庭投资者如何在不确定性环境下使用各类金融工具实现资源的跨期优化，从而达到平滑消费并实现效用最大化的财富目标。①

金融是一种交易活动。传统金融学将其概念局限于研究货币资金的流通；而现代金融将概念扩展到研究经营活动的资本化过程。因此，金融就是对现有资源进行重新整合，以实现价值和利润的等效流通。金融发展对推动社会经济进步有着相当重要的作用。

家庭承载着居民的日常经济生活以及主要社会活动，是个体采取经济行为最主要的决策主体。而家庭金融与公司金融、政府金融、个人金融类似，都是微观经济主体在不确定的环境下，通过资本市场对资源进行跨期优化配置的过程。因此，本书将家庭金融简单地界定为家庭这一微观经济主体通过利用家庭资金结合金融市场中的各种金融工具及金融产品以谋求家庭财富的变化。值得注意的是，家庭金融和个人金融在某些情况下很难区分。因为居民家庭由个体组成，并在很多时候由某个个体，如户主来代表家庭进行金融行为。因此，本书认为，由单个个体组成的家庭，或由某个个体（户主）代表家庭发生金融行为时，从执行主体的角度看，二者是一致的。

但与个人金融根据个体资产成本收益特征来选择金融行为、追求利益

① Campbell J Y. Household finance [J]. The journal of finance, 2006, 61 (4): 1553-1604.

最大化的目的不同，家庭金融是以一个家庭为单位进行的金融活动。它必须考虑在长期但有限的生命周期内进行规划，并在风险合理、整体经济稳定和储蓄未来的基础上实现一定的收益。因此要准确刻画中国居民家庭金融行为，就需要结合中国的实践经验扩展传统理论和模型。[①]

（二）家庭财富、家庭资产与家庭资产配置

从经济学角度来看，家庭财富的概念通常是指家庭的净资产，或某一特定地理区域内家庭平均净值，主要包括金融资产、房产净值、生产经营性资产等。家庭年收入是家庭财富的主要经济来源，主要包括家庭成员的工作收入、家庭房产租赁收入、家庭金融投资收益等。家庭财富的一部分可以看作所有家庭成员年收入中未被消耗而积累下来的部分。但是，通过生产、劳动以及所有权的变化导致收入机会变化而产生的“家庭收入创造”不能完全等同于“家庭财富积累”，因为不同家庭的消费行为或投资策略是不同的。[②]

资产是家庭财富的基本构成因素，也是家庭财富稳定的根基。目前学术界将“现金及活期存款、定期存款、债券、股票、基金、理财产品、信托、实业投资、房产、汽车、住房公积金个人账户、社会养老金个人账户以及社会医疗个人账户等”都纳入家庭资产的概念中。随着经济增速的放缓，工资等劳动性收入增长放缓，投资等财产性收入占比逐渐上升。因此实现有效的资产配置有利于提升家庭财富累积水平。

家庭资产配置与保险公司等机构资产配置有较大差别，机构资产配置具有很高的专业性，也会通过监管手段实现科学合理的资产配置。虽然经典理论认为，家庭投资应根据其对资产成本收益特征的估计以及自身风险承担能力制定投资决策，而且家庭应将一定比重的财富投资于风险资产。[③]

---

① 甘犁，尹志超，贾男，等．中国家庭资产状况及住房需求分析［J］．金融研究，2013（4）：1-14.

② 何晓斌，夏凡．中国体制转型与城镇居民家庭财富分配差距——一个资产转换的视角［J］．经济研究，2012，47（2）：28-40+119.

③ Dow，J. and Werlang，S. R. C. Excess Volatility of Stock Prices and Knightian Uncertainty［J］．European Economic Review，1992，36：631-638.

但是家庭资产配置的目的是代际传承，其结构具有显著的延续性，如父母想要将部分财产留给子女。因此很难做到理性投资，这也决定了家庭资产配置的复杂性和异质性。研究家庭资产配置，不仅可以更好地实现家庭自身财富保值增值和抵御风险，同时也有利于整个国家的经济和金融发展。

（三）家庭金融资产与金融资产选择

随着中国金融市场的不断发展，金融产品呈现多样化和复杂化，家庭也越来越积极地参与到金融市场中。

家庭金融资产来源于家庭将持有的部分储蓄转化为用于投资的金融产品，包括现金及其等价物、股票、银行存款、基金、期权、期货等经营性资产，也包括所有与债券同等类型的其他金融工具。由此形成了区别于房产、汽车、贵重物品、古玩字画等家庭实物资产的家庭金融资产。根据风险理论，人们常将家庭存款、国债视为无风险金融资产，将股票、基金、债券等未来收益不确定，可能产生本金损失的视为风险性金融资产。

多样化风险性金融资产也带来了更为多样化的资产组合，因此在研究居民家庭风险金融市场参与的同时，如何保证在同等收益情况下将承担的风险降至最低成为重要的研究问题。现代投资组合理论指出，当投资者进行金融资产决策时，应将资金进行分散配置，不应将其集中配置于单一资产之上，持有更加多元化的资产组合可以有效地降低投资风险。

因此，本书认为，家庭金融资产选择就是在一定约束条件下家庭通过选择适当的金融策略和金融工具以获得最大化经济利润的行为。

（四）金融健康

美国的金融服务创新中心（Center for Financial Services Innovation，CFSI）于2015年首次提出金融健康的概念，用于衡量金融消费者是否处于良好的金融或财务状态，指出金融健康应该包括主观和客观变量在内的消费、储蓄、借贷和计划四个方面的内容。此后，金融健康概念日益渗透到经济学等各学科领域的研究中。Newcomb（2018）指出，金融健康不同于财富最大化，消费者应当增强长远思考的能力，在经济稳定的前提下，提高自身财务状况的满意程度从而达到高水平的金融健康。[①] Garman 和 Forgue（2018）则认为，家庭金融健康不仅应考虑家庭本身的财产稳定程度，还应有一定程度上的消费自由，并提出从财务资产状况、资产配置方式和消费习惯三个方面对家庭金融健康进行评估。[②]

2019 年，中国普惠金融研究院（CAFI）发布了《中国普惠金融发展报告》，正式提出了金融健康的概念，即个人或家庭利用金融工具选择适当的金融行为，做好收支、债务、应急、风险、资产等方面的管理，以期满足日常和长期的财务需求，应对财务冲击，把握发展机会，确保个人或家庭福祉最大化的财务状态。其研究认为，金融健康应该包括主观和客观变量在内的消费、储蓄、借贷和计划四个方面。因此，本书沿袭《中国普惠金融发展报告》中金融健康的概念，将其特指为家庭福利的状况或可持续发展的能力。

二、发展家庭金融的重要性和必要性

（一）发展家庭金融的重要性和必要性

党的二十大报告中明确了中国式现代化的本质要求，强调要“实现全体人民共同富裕”。居民家庭金融资产的增长和结构变化对于促进共同富裕具有不可替代的作用。家庭是中国金融市场上重要的主体之一，家庭财富的积累使得越来越多的家庭有机会并且有能力购买金融产品，获得风险保障和财产性收入。同时，促进家庭金融发展也可以作为推动当前经济社会发展的重要抓手，在为经济高质量发展和社会结构秩序稳定中贡献重要的金融力量。鉴于此，大力发展家庭金融，让更多家庭享受金融发展带来

---

① Newcomb，S. When more is less：Rethinking financial health［J］. Journal of Family and Consumer Sciences，2018，110（2）：7-13.

② Garman，T. &Forgue，R. Personal Finance. Boston［M］. MA：Cengage，2018.

的红利，理应成为金融行业“十四五”期间的重要战略性发展方向。

第一，发展家庭金融能够进一步提升人民生活水平。中国经济社会发展一直坚持“以人为本”“以人民为中心”的理念，党和政府历来将“实现人的全面发展、实现共同富裕”作为发展的最终目标。而金融正是促进经济发展和社会进步的重要手段。当前，中国社会主要矛盾是人民日益增长的美好生活需要和不平衡不充分的发展之间的矛盾，而金融正是改善人民生活质量、满足生活需求的重要手段。纵观中国金融行业发展历史，“以人为本”“以人民为中心”的理念贯穿始终。未来，这一理念也将成为中国金融行业发展的关键指引。家庭金融发展不仅有经济效益，更有社会效益，能够为人民创造更和谐、健康的生活条件和生存环境，也能够极大地丰富人民的物质和精神生活方式，提升人民生活水平。

第二，发展家庭金融有助于形成推动经济社会发展的新动力。金融行业要服务社会经济发展，特别是在金融普惠发展的大背景下，金融行业更应该将保证家庭能够享受金融发展的红利、保障金融消费者权益作为重要发展目标。在数字经济发展时代下，确保家庭能够获得稳定、低成本、便捷的金融消费渠道，使家庭能够通过购买与其风险承受能力、财务水平相匹配的金融产品和服务实现正收益，在金融行业、金融机构与家庭之间构建一个和谐、有序、健康、可持续的模式就显得尤为重要。同时，亟须在金融系统、经济系统和社会系统之间建立连接，探索通过调节家庭金融行为来影响经济社会发展的创新模式，进而促进金融、经济和社会的协同发展，最终为经济社会发展提供新的驱动力。

第三，发展家庭金融有助于实现高质量发展。目前，中国经济社会发展正处于全新的发展阶段，发展关注的重点已经由发展速度转向发展质量，高质量发展已经成中国当前和未来一段时期发展的核心趋势。要实现高质量发展，就要关注人的发展和人民共同富裕，而要实现这一目标就有必要持续推动家庭金融发展，丰富家庭金融行为，让更多的家庭从金融产品和服务消费中获益。全面保障金融消费者权益，就有必要通过一系列关于促进家庭金融发展的制度设计和保障举措来满足高质量发展的需要。

综上所述，发展家庭金融，不仅有助于促进经济社会发展，也有助于构建金融、经济、社会和谐发展的生态环境，更是在扩大金融红利分享范围、保障金融消费者权益的大背景下优化家庭可支配资金运行和资金配置的过程与方式。充分发挥家庭金融在经济、社会系统运行中的重要作用，对中国新时代经济社会发展目标实现具有十分重要的特殊意义。

（二）后疫情时代发展家庭金融的重要意义

在后疫情时代，社会经济恢复和转型发展有赖于家庭金融的振兴与发展，而家庭金融崛起则亟须金融行业给予全面、有效的支持。疫情既是家庭金融发展的“催化剂”，也是“试金石”。疫情实为危机，而如何变危为机，使其成为一个家庭金融加速发展的窗口期，值得中国金融监管机构去思考和实践。在后疫情时代，发展家庭金融的重大意义及现实作用主要体现在以下几个方面。

第一，在后疫情时代，家庭金融发展的重要性空前凸显。要有效应对疫情对中国经济社会发展带来的冲击，并实现高质量发展需要大量资金支持，更需要金融手段给予全面的保障，即发展家庭金融是当前和未来一段时期内中国经济社会走出疫情冲击影响的强大引擎。

第二，疫情的暴发对很多中国家庭来说，在短期内可能形成严重冲击，但从长期来看，有可能为家庭提供一个快速恢复和发展的窗口期。短期内，由于疫情冲击，导致大量企业停摆，很多家庭都将面临收入降低或无收入的困境。在后疫情时代，随着生产生活的逐渐恢复，中国经济必将迎来一个较大的爆发增长期，从这个角度来看，家庭收入也必将随之上升，其可支配收入或用于家庭投资理财的资金也必将增加，家庭金融也将随之进入快速增长时期。特别是在后疫情时代，各行业的恢复和发展需要大量的资金投入，也将为家庭资金提供广泛的投资对象。

第三，席卷全球的疫情对中国经济社会发展产生巨大的冲击，也给金融机构业务发展带来深远的影响。特别是在金融机构净息差不断收窄、不良资产上升、信贷需求下降等多重压力下，金融机构面临巨大的经营挑战。从当前中国社会经济发展环境来看，一方面，疫情防控措施取得重大决定性胜利，复工复产稳步推进，社会经济运行有序且进入转型升级的新发展阶段。另一方面，疫情仍呈散点突发态势，社会经济发展依然面临较大的下行压力。在此背景下，“如何满足家庭金融需求，如何设计更符合家庭发展需要的金融产品和服务，如何全面保障金融消费者权益”已成为金融机构需要关注的重大课题。鉴于此，金融机构在后疫情时代应积极把握政策定位，抓住家庭金融发展的新机遇，在全面利用数字化手段的基础上，充分发挥自身优势，在家庭金融领域有所作为。

（三）开展家庭金融相关问题研究的重要性和必要性

深化家庭金融相关问题的认识、保障家庭金融健康对于维护金融稳定、保障金融机构稳健运行、保护金融消费者权益等重要目标的实现具有重要推动作用。然而随着中国金融市场的蓬勃发展，家庭金融交易活动日益增多，金融工具越发复杂，宏观环境发展也面临着众多不确定性因素。鉴于此，对中国家庭金融相关问题展开深入研究具有很强的现实意义和理论价值。

第一，深化关于家庭金融相关问题的认识。当前社会呈现泛金融化的影响持续扩大。家庭财富来源过度“金融化”，金融资产配置结构单一，已成为中国实现“共同富裕”目标中的突出矛盾和问题。本书通过量化研究数据，能够更好地理解经济转型发展外部环境的变化如何使中国家庭金融行为发生改变，而微观家庭的行为变化又怎样反馈到宏观经济中。

第二，推进家庭金融的理论建模研究。当前中国家庭财富的增长已经进入结构分化的新发展周期。不断增多的实证发现，以及对家庭行为动机进一步深入理解需要更多具有洞察力的模型，尤其需要与中国现实结合紧密的模型，以此来深入理解家庭金融相关问题的内在影响机制，从而为研究家庭金融提供工具基础。

第三，强化家庭金融健康意识，提升家庭金融福祉水平。研究家庭金融相关问题对更准确解释和解决当前中国居民家庭金融的现状和矛盾，具有特别重要的意义。不仅有利于深入刻画转型时期中国家庭金融行为的异质性和资产结构优化的渐进性，也为不同生命周期下资产分割合理性和金融投资工具创新指明方向。在应用上更能帮助中国居民家庭增强金融健康意识、改进投资策略、控制投资风险、提高资产收益。

三、家庭金融相关热点问题研究

（一）关于不同理论视野下的家庭金融发展

现代金融经济学中的资产组合理论①②和储蓄—支出的生命周期理论③④涉及对家庭金融问题的研究。这些理论都建立在对人类的完全理性、未来时间偏好和良好自我控制行为假定之上，认为理性的居民或家庭能够根据风险—收益匹配的原则，通过分散化投资进行合理的资产配置；理性的家庭会在一生总的资源约束下平滑其整个生命周期的支出，在工作阶段合理储蓄以应对退休阶段的收入下降。因此，在经典金融学理论中，理性的家庭会作出合理的资产配置和储蓄—支出安排，不存在异常的问题。

然而，随着家庭金融调查和实证研究的不断深入，研究者揭示了现实中存在许多经典家庭金融理论无法解释的“异象”或“反常现象”。如家庭参与股市投资的有限性⑤、投资组合分散严重不足⑥、消费与收入同步增

① Markowitz, Harry. Portfolio Selection [J]. Journal of Finance, 1952, 7 (1): 77-91.

② Merton, Robert C., Lifetime Portfolio Selection under Uncertainty: The Continuous - Time Case [J]. Review of Economics and Statistics, 1969: 51 (3): 247-257.

③ Modigliani, E. Franco & Richard Brumberg. Utility Analysis and the Consumption Function: An Interpretation of Cross - Section Data [M]. In Post Keynesian Economics. New Brunswick: Rutgers University Press, 1954.

④ Friedman, Milton. A Theory of the Consumption Function [M]. Princeton: Princeton University Press, 1957.

⑤ Heaton, J., &Lucas, D. Portfolio choice and asset prices: The importance of entrepreneurial risk [J]. The Journal of Finance, 2000, 55 (3): 1163-1198.

⑥ Polkovnichenko, V. Household portfolio diversification: A case for rank - dependent preferences [J]. The Review of Financial Studies, 2005, 18 (4): 1467-1502.

长之谜[①]、过度交易[②]等。在卡尼曼和特沃斯基研究基础上发展起来的行为金融学[③]，侧重于从认知偏差、框架依赖和情绪等因素解释如上各种反常现象，出现了行为生命周期理论[④]和行为资产组合理论。[⑤] 这些理论关注人类在金融决策过程中的认知和行为偏差，以及这些偏差如何影响家庭金融决策的质量和效率。

相较于西方自由主义市场下发展起来的投资理论，中国居民在金融投资市场中表现出了更多的“社会人”特征，如受到家庭成员关系、社会环境，以及心理因素等方面的影响等。国内学者针对中国家庭金融研究涌现的丰硕成果也做了非常深入的研究和论述。如李心丹等（2011）基于行为金融学视角对近年来家庭投资和消费决策相关研究进行了系统评述；[⑥] 吴卫星等（2015）综述了从资产配置视角对投资机会、背景风险、社会保障、财富效应影响家庭金融研究；[⑦] 王宇等（2019）对社会资本与家庭金融参与之间关系的理论机制分析。[⑧] 这些微观内因的探索为更好地提出优化居民家庭理财的建议，帮助家庭更好地优化财富结构提供了重要参考。

（二）关于中国家庭金融投资行为的影响因素研究

在诸多影响家庭金融投资的因素中，国内外学者集中对人口特征因素

---

① Battistin, E., Blundell, R., &Lewbel, A. Why is consumption more log normal than income? Gibrat's law revisited [J]. Journal of Political Economy, 2009, 117 (6): 1140-1154.

② Barber, B. M., &Odean, T. The internet and the investor [J]. Journal of Economic Perspectives, 2001, 15 (1): 41-54.

③ Tversky, A., &Kahneman, D. Judgment under Uncertainty: Heuristics and Biases: Biases in judgments reveal some heuristics of thinking under uncertainty [J]. Science, 1974, 185 (4157): 1124-1131.

④ Shefrin, H. M., &Thaler, R. H. The behavioral life-cycle hypothesis [J]. Economic Inquiry, 1988, 26 (4): 609-643.

⑤ Shefrin, H., &Statman, M. Behavioral portfolio theory [J]. Journal of Financial and Quantitative Analysis, 2000, 35 (2): 127-151.

⑥ 李心丹，肖斌卿，俞红海，等．家庭金融研究综述 [J]．管理科学学报，2011，14 (4)：74-85.

⑦ 吴卫星，王治政，吴锟．家庭金融研究综述——基于资产配置视角 [J]．科学决策，2015 (4)：69-94.

⑧ 王宇，王士权．社会资本影响家庭金融行为的机制研究——一个文献综述 [J]．金融发展研究，2019 (12)：47-52.

和家庭经济因素进行了探讨。在人口特征因素方面，大多数研究表明较高的受教育程度和已婚的状况会对家庭金融投资行为产生显著的正向影响。①②③

在家庭经济因素方面，部分国外学者发现了家庭财富对家庭参与金融投资具有积极作用④。国内学者吴卫星等（2014）也研究发现，财富和收入都有显著的正向影响，家庭财富增长会显著提高其参与风险资产的可能性和参与深度。除了财富收入外，住房也是家庭重要的经济特征。⑤ 有研究发现家庭房产投资对风险金融资产投资比重有显著的“挤出效应”⑥⑦，即在家庭资产一定的情况下，如果投资了房地产，那么对于风险金融资产的投资比例就会减少。但也有研究得出了相反的结论，国内学者发现房产对中国城镇家庭的风险资产投资没有表现出“挤出效应”，房产与家庭风险金融资产之间是互补关系而非替代关系，即房产对风险资产持有具有正向影响，居民家庭可能正是凭借住房持有以达到多元化的投资组合从而提高风险金融资产的持有量。

家庭风险管理理论关注家庭如何管理风险以保护其财富。尤其是资产配置视角下家庭金融的研究，将身体健康状况纳入了背景风险的概念下，指出背景风险由于不能通过投资组合得到有效分散，因此它的存在会降低风险资产的持有。具体来说，主要可以从资产配置、可支配资源和风险态度三个方面影响居民家庭的投资决策。Smith（2010）认为，健康状况和个体所能够支配的资源呈正相关，因此健康状况差可能意味着可支配财富的不足，从而会降低对金融产品的投资；⑧ Goldman 和 Maestas（2013）

① 王翀，吴卫星．婚姻对家庭风险资产选择的影响［J］．南开经济研究，2014（3）：100-112.

② 廖婧琳．婚姻状况与居民金融投资偏好［J］．南方金融，2017（11）：23-32.

③ 罗文颖，梁建英．金融素养与家庭风险资产投资决策——基于 CHFS 2017 年数据的实证研究［J］．金融理论与实践，2020（11）：45-56.

④ 刘进军．中国城镇居民家庭异质性与风险金融资产投资［J］．经济问题，2015（3）：51-55+60.

⑤ 吴卫星，荣苹果，徐芊．健康与家庭资产选择［J］．经济研究，2011，46（S1）：43-54.

⑥ 何杨平，何兴强．健康与家庭风险金融资产投资参与程度［J］．华南师范大学学报（社会科学版），2018（2）：135-142.

⑦ 高玉强，张宇，宋群．住房资产对家庭风险资产投资的挤出效应［J］．经济与管理评论，2020，36（4）：106-121.

⑧ Smith，P. A.，Love，D. A. Does Health Affect Portfolio Choice［J］．Health Electronics，2010，19（12）：1441-1460.

也在研究中指出，健康状况差的个体更有可能加大未来医疗支出，因此投资者将会减少金融投资带来的资产风险；① Edwards（2010）尤其证实了健康状况和风险态度之间的关系，指出不确定的健康风险会促进投资者更加厌恶风险，从而影响家庭投资行为。② 区别于传统经济学对于健康的认知，Grossman（1972）指出了健康需求的人力资本模型，健康首次被视为不同于其他人力资本的“健康资本”，它决定了所能够花费在市场活动和非市场活动上的时间及可能获得的回报。遗传馈赠的健康资本会随着年龄的增长而“折旧”，为了弥补健康折旧，人们就会通过如医疗保健支出等方式增加健康投资。鉴于人们可以理性预期自己的生存年限，那么人越健康，进行家庭投资行为的可能性就越高。③ 同时，健康资本不仅仅存在于个体层面，家庭健康状况的变化也会对家庭成员的经济状态和心理状态产生重大影响，从而影响到家庭的投资决策。

（三）关于风险态度、投资行为与创业活动

传统投资理论认为风险态度是个体投资行为的决定因素。Paiella 和 Gusio（2004）发现，家庭风险厌恶程度与风险资产投资显著负相关，风险规避家庭投资风险资产的比重要显著低于风险偏好家庭。④ 风险规避理论尤其指出，风险态度偏向冒险的群体更愿意接受转变职业所导致临界工资水平更低，因此更有可能成为创业者，而风险厌恶者则倾向于在雇佣关系中获得稳定收入。因此，创业者不同于他人的风险偏好和成就欲望是其投身创业的主要原因，在相同的市场工资水平下，个体对风险持有的不同态度导致了职业选择的差异。

20 世纪 40 年代，Knight（1942）的研究表明，风险态度程度与创业

---

① Goldman, D., Maestas, N. Medical Expenditure Risk and Household Portfolio Choice [J]. Journal of Applied Econometrics, 2013, 28 (4): 527-550.

② Edwards, R. D. Optimal Portfolio Choice When Utility Depends on Health [J]. International journal of Economic Theory, 2010, 6 (2): 205-225.

③ Grossman, M. The Demand for Health: A Theoretical and Empirical Ivestigation [J]. NBER Working Paper, 1972, No. 119.

④ Paiella, M., Guiso, L. The Role of Risk Aversion in Predicting Individual Behaviour [J]. CEPR Discussion Papers, 2004, No. 4591.

间存在正向关系，高风险偏好者在创业中往往更为积极。[①] Kihlstrom 和 Laffont（1979）提出了创业的风险规避理论，认为风险厌恶者偏好获取雇佣工资而并非自己创业，是因为他们的经济回报期望更低。[②] 但反对派观点认为，个体心理层次的风险态度倾向具有不稳定性，对创业活动并不会产生实质性影响，创业者与非创业者的风险态度并不存在显著差异，前者只是对风险的态度更为乐观，所以更能作出看起来冒险的抉择。[③] 在中国社会背景下，研究者近年来才开始关注风险态度与创业的关系，由于目标群体和社会条件的不同，上述基于西方国家的研究结论也有待进一步验证。吕静等（2018）分析了中国社会背景下个体的风险态度与家庭创业的关系并发现，尽管在强弱不同的社会关系结构里，个体风险态度对创业的影响效力略有差异，但总体上都对创业有着正向影响，偏好风险的个体更有可能成为企业家。[④] 但陈波（2009）对返乡创业农民工的研究却发现，风险态度保守的农民工投资回报期望更低，回乡创业规模和难度小，反而比风险偏好者表现出了更多回乡创业行为。[⑤] 马昆姝和覃蓉芳（2010）分别基于“个人特质”和“行为趋向”定义了风险偏好与风险倾向两个概念，发现作为个人稳定特质的风险偏好对创业并不具有显著影响，而在行为决策时表现出的高风险倾向能够显著提高个体参与创业的可能性，风险感知在这一影响过程中发挥着桥梁作用。[⑥] 以往研究为风险态度研究提供了大量的经验证据，虽然围绕不同群体的结果差异较大，但基本关注到了风险态度对创业的影响。

① Knight, Frank H. Profit and Entrepreneurial Functions [J]. Journal of Economic History, 1942, 2 (S1): 126-132.

② Kihlstrom, R. E. &Laffont, J. J. A general equilibrium entrepreneurial theory of firm formation based on risk aversion [J]. Journal of Political Economy, 1979, 87 (4): 719-748.

③ Caliendo, M, Fossen, F. M. &Kritikos, A. S. Risk attitudes of nascent entrepreneurs-new evidence from an experimentally validated survey [J]. Small Business Economics, 2009, 32 (2): 153-167.

④ 吕静，郭沛．社会关系、风险偏好异质性与家庭创业活动［J］．金融发展研究，2018（10）：22-28.

⑤ 陈波．风险态度对回乡创业行为影响的实证研究［J］．管理世界，2009（3）：84-91.

⑥ 马昆姝，覃蓉芳．个人风险倾向与创业决策关系研究：风险感知的中介作用［J］．预测，2010，29（1）：42-48.

（四）关于金融素养和家庭金融健康研究

金融素养已成为家庭金融研究的一个重要组成部分。研究人员发现，家庭的金融素养程度与家庭金融决策、储蓄和投资行为等方面密切相关。因此，提高家庭金融素养已经成为许多国家政府的重要政策目标之一。金融素养是反映个体能力的重要指标，相比于学历和工作经验，金融素养更多的是反映人们对金融知识的认知，利用金融知识有效配置资源从而实现财务保障的能力[①②]。金融素养的提高，有助于降低个人或者家庭受金融排斥的可能性，进而影响家庭投资行为。Corr（2006）认为，金融知识对人们生活的影响越来越大，金融知识掌握水平是居民能否被纳入金融体系的重要因素；[③] 曾志耕等（2015）发现，金融知识水平越高的家庭，金融市场参与的可能性越高，金融资产投资的类型越丰富。[④] 金融素养水平影响了家庭金融市场参与和风险资产配置比例，还会通过影响信贷融资方面对创业行为产生影响。[⑤⑥] 现有研究表明，金融素养的提升可有效改善家庭借款渠道偏好、改善家庭正规信贷需求、提高家庭正规信贷可得性，[⑦⑧] 有利于家庭金融健康水平的提高。

随着行为金融学研究的发展，金融健康的概念应运而生。美国的金融服务创新中心于2015年首次提出这个概念用于衡量金融消费者是否处于

---

① 王宇熹，杨少华．金融素养理论研究新进展［J］．上海金融，2014（3）：26-33+116.

② 尹志超，宋全云，吴雨，等．金融知识、创业决策和创业动机［J］．管理世界，2015（1）：87-98.

③ Corr，C. Financial Exclusion in Ireland：An Exploratory Study and Policy Review［J］．Dublin：Combat Poverty Agency，2006.

④ 曾志耕，何青，吴雨，等．金融知识与家庭投资组合多样性［J］．经济学家，2015（6）：88-96.

⑤ Hastings，J. S. and L. Tejeda-Ashton. Financial literacy，information，and demand elasticity：Survey and experimental evidence from Mexico［J］．National Bureau of Economic Research，2008.

⑥ 吕学梁，吴卫星．金融排斥对于家庭投资组合的影响——基于中国数据的分析［J］．上海金融，2017（6）：34-41.

⑦ 苏岚岚，孔荣．农民金融素养与农村要素市场发育的互动关联机理研究［J］．中国农村观察，2019（2）：61-77.

⑧ 贾立，谭雯，阿布木乃．金融素养、家庭财富与家庭创业决策［J］．西南金融，2021（1）：83-96.

良好的金融或财务状态，指出金融健康应该包括主观和客观变量在内的消费、储蓄、借贷和计划四个方面的内容。Newcomb（2018）认为，消费者应当增强长远思考的能力，以提高自身财务状况的满意程度从而达到高水平的金融健康。① 中国普惠金融研究院在2019年的报告中首次提出了金融健康概念，该报告认为金融健康是普惠金融更高层次的追求，应当从家庭资产稳定性（收支平衡）、家庭流动资金情况（家庭储蓄/资产情况）、合理规划和利用信贷能力（负债水平）、利用和规划保险能力（保障水平）、家庭对目前财务状况的满意度和对未来财务状况的信心程度（主观能力）等方面对金融健康进行量化。

近年来，国内外微观家庭数据库逐步建立和完善。如西南财经大学与中国人民银行金融研究所在全国范围内开展了中国家庭金融调查。相关报告反映了目前中国家庭金融存在的突出问题：如居民家庭储蓄水平较高，金融资产配置集中于现金、活期和定期存款，住房贷款占家庭负债比重高，以及家庭消费信贷参与率较低等。对于这些问题的关注，进一步推动了中国家庭金融健康问题的实证探索。

从现有文献来看，对金融健康影响因素的国内外研究大致可以分为三类：一是基于户主特征的个体因素的影响研究，如性别、婚姻状况、教育水平、健康状况、金融素养和风险态度等；②③④ 二是从家庭维度出发，考察人口结构、家庭财富、收支情况对家庭金融健康的影响；⑤ 三是关注了城乡差异、自然灾害、新冠疫情等宏观环境对家庭金融健康的影响机制和路径。⑥ 这些都为家庭金融健康的进一步发展提供了重要研究基础。

---

① Newcomb, Sarah. When More is Less: Rethinking Financial Health [J]. Journal of Family & Consumer Sciences, 2018, 110 (2): 7-13.

② Cocco, Jõao F. Portfolio choice in the presence of housing [J]. Review of Financial Studies, 2005, 18 (2): 535-567.

③ 刘佩，孙立娟．金融素养与家庭金融健康研究——基于2017年中国家庭金融调查的研究[J]．调研世界，2021（10）：16-25.

④ 陈斌开，李涛．中国城镇居民家庭资产——负债现状与成因研究[J]．经济研究，2011，46（S1）：55-66+79.

⑤ 樊纲治，王宏扬．家庭人口结构与家庭商业人身保险需求——基于中国家庭金融调查（CHFS）数据的实证研究[J]．金融研究，2015（7）：170-189.

⑥ 张珩．普惠金融人群金融健康的制度性困境与对策建议——以生产性农户为例的研究[J]．农村金融研究，2020（12）：46-51.

（五）关于技术革新与家庭金融消费者权益研究

随着以大数据、人工智能等数字科技在金融行业的广泛普及和深入应用，金融科技行业应运而生，金融与科技开启了全方位、深层次的融合，并成为扩大金融服务可获得性、提升金融服务效率、降低金融交易成本、改善金融服务体验的重要驱动力。数字科技对家庭金融行为赋能不仅只是单一的科技赋能，更是借助科技之力，不断加深家庭与金融行业两者之间互融互通，使家庭金融行为的数字化程度不断提高。在数字化的大背景下，整个家庭金融行业都将面临深度变革和创新，家庭金融行为拥有了强有力技术支撑，使家庭能够以更便捷的方式、更低的成本、更高效（更能获利）的手段消费金融产品和服务。

从目前家庭金融主体的角度来看，无论是一人家庭还是多人家庭，金融行为和决策实际上都是由个体金融消费者承担的。因此，加强金融消费者权益保护，是提升家庭金融投资信心，提升家庭金融风险管理能力，让家庭能够更充分享受金融发展红利的重要手段。在金融科技发展的大背景下，数字科技的应用将为建立健全金融消费者权益保护机制，全面落实金融机构保障金融消费者各项权益的主体责任提供坚实的技术支撑，也为建立起包括金融监管机构、自律组织、金融机构与金融消费者在内的金融消费者权益保护体系提供了新的机遇。①

目前对于中国家庭金融的相关研究集中于对城市或农村家庭金融资产配置、财富不平等、金融脆弱性等问题的讨论，这推动了微观领域家庭金融的发展。然而这些研究大多是在固有的经济学理论框架下推进，过分依赖数值技术求解和推导理论模型，忽视了对存在于宏观结构下的个体异质性的社会文化分析，同时对家庭金融健康等新概念的研究略有不足。因此，本书在前人研究的基础上，扩展了对家庭金融相关问题的研究和应用，有利于推进家庭金融理论的发展，也能更好地帮助居民实现资产保值和适度增长，从全面小康向实现共同富裕不断迈进。

---

① 程雪军，尹振涛．互联网消费金融创新发展与监管探析［J］．财会月刊，2020（3）：147-153.

第二章　健康状况、风险态度与家庭金融投资行为

随着中国金融市场的蓬勃发展，家庭金融交易活动日渐增加，金融产品不断渗透到社会生产和大众生活中。家庭财富的积累使越来越多的家庭有机会并且有能力购买金融产品，获得风险保障和财产性收入。家庭金融投资行为是指将家庭的资产投资到各种金融产品中以获得保值和增值的金融投资行为，对个人生活水平的提高及国家综合实力的提升有很大影响。20 世纪 70 年代以来，对家庭金融的研究不断深入，学者普遍认为中国家庭金融投资行为具有“异质性”和“有限性”的特点：即不同家庭，金融资产投资行为如金融资产在总财富中的占比、持有的金融资产种类、风险性金融资产的占比上显示出巨大的差异；同时家庭风险资产市场参与在广度和深度上都十分有限。①

一、家庭金融投资行为概念的缘起、内涵与影响因素

家庭金融投资行为是指除了通过劳动获取回报外，家庭利用现有资产进行一系列投资活动以获取额外收益，这使得家庭经济资源再次利用，从而获取更多的经济价值。② Campbell（2006）提出了家庭金融的概念，认

① 陈琪，刘卫．健康支出对居民资产选择行为的影响——基于同质性与异质性争论的探讨［J］．上海经济研究，2014（6）：111-118.

② 高尚杰．金融危机下家庭金融投资及其风险规避［J］．湖北工业大学学报，2009，24（3）：59-60+65.

为家庭金融市场参与、家庭资产选择及其影响因素是家庭金融研究最主要的问题之一。他认为家庭资产实现效用最大化的途径是家庭投资决策者通过金融市场和金融工具实现对家庭资产的合理配置，这标志着家庭金融研究进入了一个新的阶段。① 此后家庭金融的概念及相关研究日益成为国内外学者关注的重点。传统投资理论认为，家庭投资时会根据其对资产成本收益特征的估计，以及自身风险承担能力制定投资决策，而且家庭应将一定比重的财富投资于风险资产。② 而中国家庭金融投资行为所呈现的“异质性”和“有限参与”现象并不能够被传统的投资学理论所解释。相较于传统理论所阐明的家庭投资决策取决于资产投资组合的收益、风险及家庭自身的风险态度等因素，中国居民受到传统中国储蓄文化的影响，现代家庭在进行金融投资时，表现出更为明显的复杂性，如受到家庭成员关系、社会环境，以及心理因素等方面的影响。③④⑤⑥

而在诸多影响家庭金融投资的因素中，国内外学者集中对人口特征因素和家庭经济因素进行了探讨。在人口特征因素方面，大多数研究表明，较高的受教育程度和已婚的状况会对家庭金融投资行为产生显著的正向影响。⑦⑧⑨

在家庭经济因素方面，部分国外学者发现了财富对家庭参与金融投资具有积极作用⑩；国内学者吴卫星等（2014）也研究发现，财富和收入都

---

① Campbell J. Y. Household Finance [J]. Journal of Finance, 2006, 61 (4): 1553-1604.

② Dow, J., S., S. R. da Costa Werlang. Uncertainty Aversion, Risk Aversion, and the Optimal Choice of Portfolio [J]. Journal of the Econometric Society, 1992, 60 (1): 197-204.

③ Hillesland, M. Gender Differences in Risk Behavior: An Analysis of Asset Allocation Decisions in Ghana [J]. World Development, 2019, 117: 127-137.

④ Park, J. S, Suh, D. Uncertainty and Household Portfolio Choice: Evidence from South Korea [J]. Economics Letters, 2019, 180: 21-24.

⑤ 何晓斌，徐旻霞，郑路．房产、社会保障与中国城镇居民家庭的风险金融投资——相对剥夺感和主观幸福感作为中介的一项实证研究 [J]. 江淮论坛，2020 (1): 98-109.

⑥ 张剑，梁玲．家庭异质性对金融资产配置的影响实证研究 [J]. 重庆大学学报（社会科学版），2020, 23 (1): 1-11.

⑦ 王琎，吴卫星．婚姻对家庭风险资产选择的影响 [J]. 南开经济研究，2014 (3): 100-112.

⑧ 廖婧琳．婚姻状况与居民金融投资偏好 [J]．南方金融，2017 (11): 23-32.

⑨ 罗文颖，梁建英．金融素养与家庭风险资产投资决策——基于 CHFS 2017 年数据的实证研究 [J]. 金融理论与实践，2020 (11): 45-56.

⑩ 刘进军．中国城镇居民家庭异质性与风险金融资产投资 [J]. 经济问题，2015 (3): 51-55+60.

有显著的正向影响，家庭财富增多会显著提高其参与风险资产的可能性和参与深度。除了财富收入外，住房也是家庭重要的经济特征。[①] 有研究发现家庭房产投资对风险金融资产投资比重有显著的“挤出效应”[②③]，即在家庭资产一定的情况下，如果投资了房地产，那么对于风险金融资产的投资比例就会减少。但也有研究得出了相反的结论，国内学者发现房产对中国城镇家庭的风险资产投资没有表现出“挤出效应”，房产与家庭风险金融资产之间是互补关系而非替代关系，即房产对风险资产持有具有正向影响，居民家庭可能正是凭借住房持有以达到多元化的投资组合，从而提高风险金融资产的持有量。鉴于性别、年龄、婚姻状况、受教育程度、家庭收入、住房等这些变量对于被解释变量可能产生的影响，很有必要将其纳入统计模型当中。这些很可能产生影响的相关变量作为控制变量加入模型中可以更好地进行线性拟合，以提高实证结果的准确性以及解释能力。[④]

二、家庭金融投资行为的理论和实证研究

对于家庭金融投资行为的理论和实证研究一直是过去半个世纪以来国内外学者关注的焦点，研究主要集中在影响家庭金融投资的人口特征因素和客观经济因素，如性别、年龄、受教育程度、婚姻状况、工作状况、收入水平、房产等。[⑤⑥] 2019 年《中国家庭财富调查报告》显示，中国居民家庭金融资产配置具有结构单一的特点：家庭储蓄水平较高，集中于现金、活期存款和定期存款，占比接近九成；房产投资比重较高，城乡居民

---

① 吴卫星，荣苹果，徐芊．健康与家庭资产选择 [J]．经济研究，2011，46（S1）：43-54.

② 何杨平，何兴强．健康与家庭风险金融资产投资参与程度 [J]．华南师范大学学报（社会科学版），2018（2）：135-142.

③ 高玉强，张宇，宋群．住房资产对家庭风险资产投资的挤出效应 [J]．经济与管理评论，2020，36（4）：106-121.

④ 何晓斌，徐旻霞，郑路．房产、社会保障与中国城镇居民家庭的风险金融投资——相对剥夺感和主观幸福感作为中介的一项实证研究 [J]．江淮论坛，2020（1）：98-109.

⑤ 魏先华，张越艳，吴卫星，等．中国居民家庭金融资产配置影响因素研究 [J]．管理评论，2014，26（7）：20-28.

⑥ 王琎，吴卫星．婚姻对家庭风险资产选择的影响 [J]．南开经济研究，2014（3）：100-112.

存在一定差异，城镇居民家庭房产净值占家庭人均财富的 71.35%，农村居民家庭房产净值的占比只有 52.28%。单一的金融资产结构不利于居民家庭平衡资产风险，而且难以实现保值增值。在家庭因储蓄而降低其他金融资产投资的原因中，“应付突发事件及医疗支出”占比接近五成（48.19%），“不愿承担投资风险”占 13.82%。由此可见，医疗支出是已知影响家庭金融投资影响因素之外亟须探讨的变量。因此也进一步表明讨论家庭成员健康状况与家庭金融投资行为关系的必要性。

关注到健康状况对家庭金融投资行为的重要影响，学术界进行了一系列的研究。尤其是资产配置视角下家庭金融的研究，将身体健康状况纳入背景风险的概念下，指出背景风险由于不能通过投资组合得到有效分散，因此它的存在会降低风险资产的持有。具体来说，主要可以从资产配置、可支配资源和风险态度三个方面影响居民家庭的投资决策。如 Smith（1999）认为，健康状况和个体所能够支配的资源呈正相关，因此健康状况差可能意味着可支配财富的不足，从而会降低对金融产品的投资；[①] Goldman 和 Maestas（2013）也在研究中指出，健康状况差的个体更有可能加大未来医疗支出，因此投资者将会减少金融投资带来的资产风险；[②] Edwards（2010）尤其证实了健康状况和风险态度之间的关系，指出不确定的健康风险会促进投资者更加厌恶风险，从而影响家庭投资行为。[③] 区别于传统经济学对于健康的认知，Grossman（1972）提出了健康需求的人力资本模型，健康首次被视为不同于其他人力资本的“健康资本”，它决定了能够花费在市场活动和非市场活动上的时间及可能获得的回报。遗传馈赠的健康资本会随着年龄的增长而“折旧”，为了弥补健康折旧，人们就会通过如医疗保健支出等方式增加健康投资。鉴于人们可以理性预期自己的生存年限，那么人越健康，进行家庭投资行为的可能性就越高。[④] 同

① Smith, P. A., Love, D. A. Does Health Affect Portfolio Choice [J]. Health Electronics, 2010, 19 (12): 1441-1460.

② Goldman, D., Maestas, N. Medical Expenditure Risk and Household Portfolio Choice [J]. Journal of Applied Econometrics, 2013, 28 (4): 527-550.

③ Edwards, R. D. Optimal Portfolio Choice When Utility Depends on Health [J]. International Journal of Economic Theory, 2010, 6 (2): 205-225.

④ Grossman, M. The Demand for Health: A Theoretical and Empirical Ivestigation [J]. NBER Working Paper, 1972, No. 119.

时，健康资本不仅仅存在于个体层面，家庭健康状况的变化也会对家庭成员的经济状态和心理状态产生重大影响，从而影响到家庭的投资决策。这也是本章的理论立足点。

传统投资理论认为风险态度是个体投资行为的决定因素。Paiella 和 Gusio（2004）发现，家庭风险厌恶程度与风险资产投资显著负相关，风险规避家庭投资风险资产的比重要显著低于风险偏好家庭。然而，近年来研究发现家庭金融投资与传统投资理论预测结论存在分歧，表明家庭投资行为受到除风险态度以外许多社会因素的影响，如家庭成员健康状况。[①] Edwards（2010）进一步的研究发现，健康风险的增加之所以会增加风险厌恶，是因为个体会试图通过投资安全资产来缓解健康风险的冲击。国内学者刘潇等（2014）研究也发现，居民健康水平越高，对风险资产的投资意愿越高，更倾向于选择风险性金融资产。[②] 由此可见，健康状况会影响家庭投资者的心理预期和行为选择，健康状况良好的家庭会表现为较强的风险偏好，家庭投资风险资产的可能性进一步提高；而当家庭健康状况较差时，家庭投资的风险偏好程度也随之降低，更倾向于选择安全的金融资产。

以往对于家庭金融投资行为的研究尽管探讨了不同层面的影响因素，但同时考虑客观和主观层次的健康状况，并将其纳入可投资的健康资本理论框架下的研究相对较少。尤其是风险态度对健康状况与家庭金融投资行为之间关系的影响机制缺乏细致的讨论。考虑到健康状况和风险态度对家庭金融投资行为的共同作用，我们运用 2017 年中国家庭金融调查（CHFS）的数据将二者置于同一框架下进行实证分析，进而分析健康状况如何通过影响风险态度来影响家庭金融投资行为，为解释家庭金融投资行为提供经验证据，为进一步促进中国金融市场健康发展探讨可行措施。

---

① Paiella, M., Guiso, L. The Role of Risk Aversion in Predicting Individual Behaviour [J]. CEPR Discussion Papers, 2004, No. 4591.

② 刘潇，程志强，张琼．居民健康与金融投资偏好［J］．经济研究，2014，49（S1）：77-88.

三、健康状况、风险态度与家庭金融投资行为之间的关系研究与假设

（一）健康状况与家庭金融投资行为的关系研究与假设

在国外已有研究的基础上，中国学者近年来也开展了一系列健康与家庭金融投资行为关系的研究。在理论模型研究方面，有学者将健康因素引入生命周期模型或资产选择模型，以此来探讨健康状况对家庭金融投资行为的影响。①②③ 在实证研究方面，国内外研究主要围绕着健康状况是否影响以及如何影响家庭金融投资这两个核心命题进行了大量的研究。一方面，有的研究指出控制了财富水平和家庭异质性后，健康状况对于家庭金融投资的影响并不显著。④⑤ 另一方面，也有研究发现健康状况差、健康风险大的家庭会投资风险金融资产的概率及持有比重会更低。⑥⑦

已有文献中不一致的结论可能因为研究样本和健康状况度量的差异性。除了研究所用的微观数据取自不同地域、不同调查对象外，在健康状况的测量上也有差异。有的学者将主观自评健康状况作为衡量标准，研究发现主观自评健康对股票以及风险资产在总财富中的比重影响显著。⑧ 也

---

① 陈琪，刘卫．健康支出对居民资产选择行为的影响——基于同质性与异质性争论的探讨［J］．上海经济研究，2014（6）：111-118.

② Edwards，R. D. Optimal Portfolio Choice When Utility Depends on Health［J］．International journal of Economic Theory，2010，6（2）：205-225.

③ Yogo，M. Portfolio Choice in Retirement：Health Risk and the Demand for Annuities，Housing and Risky assets［J］．Journal of Monetary Economics，2016，80（6）：17-34.

④ Smith，P. A.，Love，D. A. Does Health Affect Portfolio Choice［J］．Health Electronics，2010，19（12）：1441-1460.

⑤ 胡振，王春燕，臧日宏．家庭异质性与金融资产配置行为——基于中国城镇家庭的实证研究［J］．管理现代化，2015，35（2）：16-18.

⑥ 刘进军．中国城镇居民家庭异质性与风险金融资产投资［J］．经济问题，2015（3）：51-55+60.

⑦ 刘环宇，邓永勤，彭耿．金融素养、风险偏好与家庭风险资产配置行为研究［J］．当代经济，2020（11）：56-59.

⑧ 吴卫星，荣苹果，徐芊．健康与家庭资产选择［J］．经济研究，2011，46（S1）：43-54.

有学者以家庭自评非健康成员占家庭总人口的比重来衡量家庭当前的整体健康状况，由于非健康群体必须在某一时期为健康消费，且无论是为健康消费还是购买健康产品，他们得到的这两种产品的收益都是不确定的，因此非健康群体在家庭中的占比将影响家庭投资的风险偏好和配置。

研究发现较差的家庭健康状况对家庭风险金融资产投资比重有显著负效应。① 现有研究指出，如果将客观的健康支出金额作为内生变量来衡量健康状况，健康支出越多的城市居民持有更多的金融资产与风险资产，而在农村地区则恰恰相反。这使健康支出具有了“奢侈品”的性质。② 笔者认为，健康支出在城乡居民之间表现出的差异性，有可能是因为中国城市与农村居民享受的医疗保险参与率与覆盖率的不同而引起的。在农村家庭中，用于看病和保健的健康支出更多地取决于家庭经济中是否有结余，因此为健康支出也就成为了“奢侈”。这也在一定程度上表明了健康支出对改善健康状况的重要作用。基于以上讨论，本章提出以下假设。

假设1：健康状况对家庭金融投资行为具有显著的正向影响，健康状况越好的家庭越倾向金融投资。

假设1a：户主自评健康状况越好的家庭，投资金融资产的可能性越高。

假设1b：家庭整体健康状况（家庭自评非健康的成员占家庭总人口的比重）越好的家庭，投资金融资产的可能性越高。

假设1c：家庭健康支出越多的家庭，投资金融资产的可能性越高。

（二）风险态度与家庭金融投资行为的关系研究与假设

学术界对风险态度与家庭金融投资行为的研究由来已久。风险态度是面对不确定性的风险时的一种心理倾向，是对风险的偏好程度（或称厌恶

---

① 何杨平，何兴强．健康与家庭风险金融资产投资参与程度［J］．华南师范大学学报（社会科学版），2018（2）：135-142.

② Smith，P. A.，Love，D. A. Does Health Affect Portfolio Choice［J］. Health Electronics，2010，19（12）：1441-1460.

程度），具体表现为三种情况：风险偏好、风险厌恶与风险中性。[①] 在具有不确定性特征的金融投资决策问题中，偏好关系是建立在不同的概率分布之间的，效用函数的凹凸性可以反映投资者的风险偏好，不同的风险主体有不同的风险函数，人们一般表现为风险规避（或称风险厌恶），这也是传统投资理论的基本假设之一。行为金融理论认为，投资者的理性是有限的。Shefrin 和 Statman（2000）基于该理论提出了行为资产组合理论，认为投资者会依据自身的投资目的与风险态度来进行投资决策，形成了风险性由低到高的金融产品构建的金字塔形式。[②] 大量研究表明，风险偏好的家庭更可能参与金融市场、投资风险资产，而风险厌恶的家庭出于风险规避会降低金融市场参与。[③④] 但也有研究得出与之不同的结论，发现风险态度对于股票参与率和风险金融资产的影响并不显著。[⑤] 因此本章提出以下假设。

假设 2：随着风险偏好程度的增加，家庭参与金融市场的可能性显著增加；偏好风险的家庭投资风险资产的比例可能更高。

目前从风险态度方面对家庭金融投资行为的研究大多考虑风险态度的独立影响，但忽略了健康状况在风险态度与家庭金融投资行为之间可能存在的影响。健康状况差的居民家庭，在进行投资的过程中会偏向于保守，回避风险资产投资。对家庭来说，将家庭财富用于投资所带来的效用远不及于为了维护健康而达到的效用。因而，当家庭中存在健康状况较差的家庭成员的情况下，家庭在进行投资决策时，会把未来可能出现的医疗支出费用考虑在内以缓解未来可能存在的健康风险，进而降低风险偏好，规避风险金融资产投资。[⑥] 因此本章提出以下假设。

---

① Warneryd, K. E. Risk Attitudes and Risky Behavior [J]. Journal of Economic Psychology, 1996, 17 (6): 749-770.

② Shefrin, H. and Statman, M. Behavioral portfolio theory [M]. Cambridge University Press, 2000.

③ Paiella, M., Guiso, L. The Role of Risk Aversion in Predicting Individual Behaviour [J]. CEPR Discussion Papers, 2004, No. 4591.

④ 罗文颖，梁建英．金融素养与家庭风险资产投资决策——基于 CHFS 2017 年数据的实证研究 [J]. 金融理论与实践，2020（11）：45-56.

⑤ 李涛，郭杰．风险态度与股票投资 [J]. 经济研究，2009，44（2）：56-67.

⑥ Love, D. A, Perozek, M. G. Should the Old Play it Safe? Portfolio Choice with Uncertain Medical Expenses [J]. Working Paper, 2007.

假设3：健康状况通过影响风险态度发挥中介效应来影响家庭金融投资行为。

假设3a：户主自评健康状况通过影响风险态度发挥中介效应来影响家庭金融投资行为。

假设3b：家庭整体健康状况（家庭自评非健康的成员占家庭总人口的比重）通过影响风险态度发挥中介效应来影响家庭金融投资行为。

假设3c：家庭健康支出通过影响风险态度发挥中介效应来影响家庭金融投资行为。

本章全面衡量了健康状况（包含个体、家庭成员健康情况以及健康支出），突出了健康作为背景风险和健康资本同时影响中国居民家庭金融投资行为。在控制健康状况的前提下，考察了风险态度如何显著影响了人们的家庭金融投资行为，并进一步验证风险态度是否在健康状况与家庭金融投资行为的关系中发挥着中介作用，从实证角度检验风险态度是否为健康状况的重要传递渠道。同时，考察了性别差异下健康状况、风险态度如何影响家庭金融投资行为，为更好地理解居民家庭风险资产配置选择行为提供新思路。

基于以上讨论，本章建立以下研究框架（见图2-1）。

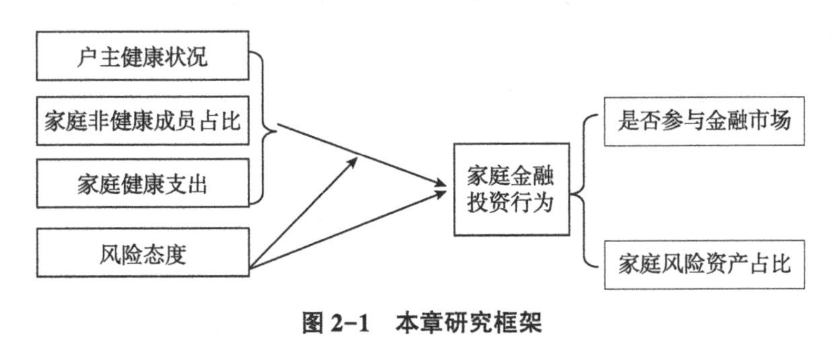

图2-1　本章研究框架

四、基于2017年中国家庭金融调查的实证研究

（一）研究数据来源

本章所用的数据来自2017年中国家庭金融调查（China Household Finance Survey，CHFS）。中国家庭金融调查采用了科学的随机抽样方法，共采集样本40011户，覆盖了全国29个省、355个区县、1428个社区，具有全国、省级和部分副省级城市代表性。该项目是由西南财经大学中国家庭金融调查与研究中心进行的一项全国性的调查，其主要目的是收集有关家庭金融微观层次的相关信息，包括住房资产和金融财富、负债和信贷约束、收入、消费、社会保障与保险、代际的转移支付、人口特征和就业、支付习惯等相关信息。这些丰富的信息为本章的实证分析提供数据支撑。本章对于家庭金融投资行为的分析单位是家庭而不是个人，在去掉关键变量缺失的样本后，分析对象是27841户具有有效信息的家庭。

（二）变量设计

1. 被解释变量

研究重点是家庭金融投资行为，根据以往文献将通过两个变量衡量：家庭金融市场参与和家庭资产选择。CHFS数据显示，家庭金融资产主要由股票、基金、金融理财产品、金融衍生品、债券、黄金、非人民币资产、活期存款和定期存款、现金和借出款组成；家庭风险金融资产主要由股票、基金、金融理财产品、金融衍生品、债券、黄金、非人民币资产和借出款组成。家庭金融市场参与为二分类变量，通过家庭是否投资金融市场中的风险资产来测量。如果被访者持有任意一种风险资产，则变量取值

为1，否则为0。家庭风险资产占比为连续变量，通过家庭风险资产占家庭金融总资产比重来测量，取值范围0~1。

2. 解释变量

核心解释变量为健康状况与风险态度。健康指标分别从户主层面和家庭层面来衡量，由此构建了三个健康状况度量指标：（1）户主健康状况通过户主的个人自评健康来衡量，分为五个维度，即非常差、差、一般、好、非常好；（2）家庭层面健康同时考虑主观健康指标和客观健康指标。参考何杨平和何兴强（2018）的做法，家庭整体健康状况以家庭自评非健康的成员（即自评健康为差或非常差的成员）占家庭总人口的比重来衡量。（3）家庭健康投资指标以家庭医疗支出和家庭保健支出的加总来表示，健康状况是一种可投资的资产，是由先天禀赋以及后天投资所决定的，比如投资于健康的医疗保健支出，[①] 家庭为保持健康所投资的金额可以反映家庭成员对健康的重视程度。分析显示，家庭自评非健康的成员占比越高，家庭健康支出越多。风险态度变量分为风险偏好、风险厌恶、风险中性三类[②]，将"高风险、高回报项目"和"略高风险、略高回报项目"定义为风险偏好；"平均风险、平均回报项目"定义为风险中性；"略低风险、略低回报项目"和"不愿意承担任何风险"定义为风险厌恶。

3. 控制变量

为更好地控制其他相关因素对家庭金融投资行为的影响，本章选取户主特征、家庭特征和地区特征三个层面的变量作为控制变量。其中，户主特征变量包括性别、年龄、婚姻状况、受教育程度等；参考周钦和刘国恩（2014）的研究，考虑到健康状况与医疗保险两者之间的重要关联，在研

---

① Grossman, M. The Demand for Health: A Theoretical and Empirical Ivestigation [J]. NBER Working Paper, 1972, No. 119.

② CHFS 问卷中衡量风险态度的问题为：如果您有一笔资金用于投资，您最愿意选择哪种投资项目？

究健康状况对家庭金融投资行为的影响时很有必要将医疗保险也纳入模型中。[①] 因此家庭特征变量包括家庭收入、是否拥有自有住房、是否参与医疗保险；地区特征变量用城乡类型和地区变量来衡量。此外，考虑到年龄变量的非线性影响，模型同时引入了年龄平方项来刻画这一特征；婚姻状况定义为二分类虚拟变量，将户主“已婚”“再婚”“同居”的状态定义为“有伴侣”取值为1，其他婚姻状况则取值为0；受教育程度为分组变量，划分为小学及以下、初中、高中、大学及以上四类；自有住房、医疗保险变量均为二元虚拟变量，“是”取值为1，“否”取值为0。

表2-1为本章所研究的相关变量的描述性统计结果。数据显示，本章所研究的27841个样本中，有31.2%的家庭参与了金融市场，风险资产占比均值为16.1%，风险厌恶家庭的比例最高，为68.6%，说明中国家庭的金融市场参与率以及风险资产占家庭金融总资产比重较低的特征。户主健康状况好的家庭占比最高，为37.7%；家庭自评非健康成员占比为20.6%，一年内家庭的健康支出为0.862万元，表明样本的整体健康状况较好。家庭的平均收入为10.306万元，有83.9%的家庭拥有自有住房，95.1%的家庭享有医疗保险。样本中男性户主占比为79.2%，户主平均年龄为54岁，有伴侣的户主占比为86%。城市家庭占比为73.4%，在东部地区、中部地区、西部地区的家庭分别占比为52.4%、25.6%、21.9%。

表2-1 变量的描述性统计结果

变量名称	均值	标准差	最小值	最大值
金融市场参与	0.312	0.464	0	1
风险资产占比	0.161	0.297	0	1
户主健康状况				
非常差	0.017	0.130	0	1
差	0.093	0.291	0	1
一般	0.357	0.479	0	1

① 周钦，刘国恩．健康冲击：现行医疗保险制度究竟发挥了什么作用？［J］．经济评论，2014（6）：78-90.

续表

变量名称	均值	标准差	最小值	最大值
好	0.377	0.485	0	1
非常好	0.155	0.362	0	1
家庭成员健康状况	0.206	0.388	0	1
健康支出（万元）	0.862	2.579	0	60
风险态度				
风险偏好	0.107	0.309	0	1
风险厌恶	0.686	0.464	0	1
风险中性	0.207	0.405	0	1
家庭收入（万元）	10.306	20.711	0	500
自有住房	0.839	0.368	0	1
医疗保险	0.951	0.217	0	1
户主性别	0.792	0.406	0	1
户主年龄	53.988	13.992	18	90
户主年龄平方项	3110.432	1529.638	324	8100
户主有伴侣	0.860	0.347	0	1
户主受教育程度				
小学及以下	0.251	0.433	0	1
初中	0.256	0.437	0	1
高中	0.217	0.412	0	1
大学及以上	0.191	0.393	0	1
城市	0.734	0.442	0	1
地区				
东部	0.524	0.499	0	1
中部	0.256	0.437	0	1
西部	0.219	0.414	0	1

（三）模型设定

从金融市场参与和资产选择两个方面来考量家庭金融投资行为，构建两个被解释变量："家庭金融市场参与"和"家庭风险资产占比"。基于

2017 年家庭金融调查微观数据，通过构建 Logit 模型和 Tobit 模型，并控制其他影响因素，实证研究健康状况、风险态度与家庭金融市场参与及风险资产占比之间的关系。

在考察家庭金融市场参与时，本章采用的是 Logit 模型，该模型回归方程形式为

$$Finance_i = \alpha + \beta_1 Health_i + \beta_2 Risk_i + \beta_3 X_i + \varepsilon_i \tag{2-1}$$

其中，i 表示受访家庭，α 为截距项。$Finance_i$ 是被解释变量家庭金融市场参与，为虚拟变量，1 表示受访家庭参与金融市场，0 表示不参与金融市场。$Health_i$ 是健康状况，使用的主要变量是户主健康状况、家庭整体健康状况和家庭健康支出；$Risk_i$ 是风险态度，X_i 表示可能影响家庭市场参与的控制变量，包括家庭特征变量、户主特征变量和地区变量。ε_i 为误差项，是模型不可观测的因素，服从 Logistic 分布。

在考察家庭金融资产选择时，因变量为家庭风险资产占比，由于家庭的各种金融资产变量有可能等于零。Tobit 模型可以解决由于很多家庭不持有风险金融资产而导致的 0 聚集性问题，在这种截断数据的情况下，故运用 Tobit 模型来分析健康状况、风险态度对家庭风险资产占比的影响，该模型回归方程形式为

$$Risk\_weight_i = \alpha + \beta_1 Health_i + \beta_2 Risk_i + \beta_3 X_i + \varepsilon_i \tag{2-2}$$

Tobit 模型回归公式与 Logit 模型相似，只是 $Risk\_weight_i$ 为被解释变量风险资产占比，表示受访家庭对风险资产的拥有量：$Risk\_weight_i = \max(0, Risk\_weight_i^*)$，必须在（0，1）之间取值，即用风险资产占家庭总金融资产的比重来表示。ε_i 为误差项，服从标准正态分布。

五、不同健康状况下的家庭金融投资行为选择

健康状况是家庭金融市场参与和家庭资产选择的重要影响因素，健康状况在不同家庭之间存在一定差异。CHFS 将自评健康状况划分为五个维度，因而将样本分为非常差、差、一般、好、非常好五个水平进行简要分

析，如表2-2所示。

表2-2　不同健康状况下家庭金融投资选择

健康状况	参与金融市场		未参与金融市场		风险资产占比	
	户数	百分比（%）	户数	百分比（%）	平均值（%）	标准差
非常差	63	13.21	414	86.79	7.090	0.220
差	524	20.19	2071	79.81	10.35	0.255
一般	2790	28.05	7158	71.95	13.92	0.282
好	3709	35.32	6792	64.68	18.35	0.309
非常好	1642	38.01	2678	61.99	19.83	0.317

健康状况非常差的家庭中仅有63户参与家庭金融市场。而随着健康状况程度的改善，家庭金融市场的参与比例也在逐渐提高，从13.21%增长到38.01%，而相应的风险资产占比从7.09%提高到19.83%。可以看出，健康状况与家庭是否参与金融市场以及风险资产的持有比重呈正相关关系，健康状况越好的家庭，参与金融市场的可能性越大、持有风险金融资产的比重越高。

六、分性别不同风险态度下家庭金融投资行为选择

与之前的研究发现一致，本章研究结果发现，风险偏好程度越高，家庭越倾向于进行金融投资。根据表2-3显示，风险偏好家庭的金融市场参与率和风险资产占比最高，其中户主为男性的家庭金融市场参与率为49.73%、风险资产占比为27.14%；户主为女性的家庭金融市场参与率为53.85%、风险资产占比为31.80%。与此同时，不同性别下的风险态度对金融投资行为的选择也存在差异。以往研究发现风险态度存在性别差异，进而导致了投资行为上的差异性选择。[①] 在风险偏好家庭中，相比较男性，女性的金融市场参与率和风险资产占比相对较高，这与女性普遍更

① Croson, R., Gneezy, U. Gender Differences in Preferences [J]. Journal of Economic Literature, 2009, 47 (2): 448-474.

厌恶投资的结论不相一致；[1] 在风险中性家庭中，男性和女性之间的差异不大；在风险厌恶家庭中，男性更倾向于参与金融市场、风险资产持有比重相对较高。

表 2-3 分性别不同风险态度下家庭金融投资行为选择

风险态度	金融市场参与率		风险资产占比	
	男性（%）	女性（%）	男性（%）	女性（%）
风险偏好	49.73	53.85	27.14	31.80
风险中性	41.82	42.24	22.09	23.62
风险厌恶	25.42	24.29	12.39	11.86

七、不同群体的家庭金融投资行为选择

由于家庭异质性的存在，不同群体的家庭金融投资行为存在差异。根据表 2-4 所示，在不同婚姻状况下，有伴侣的家庭比无伴侣家庭金融市场参与率更高、风险资产占比更高；在不同受教育程度下，随着户主受教育程度的提高，家庭参与金融市场的可能性越大、投资风险资产的比例越高；在自有住房方面，拥有自有住房的家庭的金融市场参与率相对较少，避免投资风险金融资产；在医疗保险方面，拥有医疗保险的家庭的金融市场参与率更高，更倾向于提高风险资产的比重。样本数据表明有伴侣、受教育程度、医疗保险与家庭金融投资行为存在正相关关系，自有住房与家庭金融投资行为存在负相关关系。此外，城市和农村之间存在较大差异，城市家庭的金融市场参与率和风险资产占比几乎是农村家庭的 2 倍。在不同地区下，相较于中部地区和西部地区，东部地区家庭的金融市场参与率最高、风险资产占比最大。

---

① Barber, Brad M., Terrance O. Boys will be Boys: Gender, Overconfidence, and Common Stock Investment [J]. Quarterly Journal of Economics, 2001, 116 (1): 261-292.

表 2-4　不同群体的家庭金融投资行为选择

变量	金融市场参与率		风险资产占比	
	户数	百分比（%）	平均值	标准差
婚姻状况				
有伴侣	7680	32.07	16.30	0.297
无伴侣	1048	26.89	14.62	0.293
户主受教育程度				
小学及以下	1020	14.61	7.55	0.223
初中	2563	26.95	13.79	0.281
高中	2265	37.57	18.11	0.308
大学及以上	2880	54.10	28.95	0.345
自有住房				
有	7141	30.59	15.45	0.292
无	1587	35.35	19.21	0.317
医疗保险				
有	8393	31.71	16.23	0.297
无	335	24.36	12.71	0.279
城乡				
城市	7431	36.34	18.65	0.312
农村	1297	17.54	8.89	0.234
地区				
东部	5172	35.43	18.12	0.309
中部	1825	25.59	13.01	0.273
西部	1731	28.33	14.69	0.289

八、健康状况、风险态度与家庭金融投资行为

（一）家庭参与金融市场分析

在分析影响家庭金融市场参与的因素，尤其是健康状况、风险态度对家庭参与金融市场可能性的影响时，采用 Logit 模型，该模型的回归结果如表 2-5 所示。

表 2-5 金融市场参与的实证分析

变量	Logit		
	(1)	(2)	(3)
户主健康状况			
差		1.412**	1.434**
		(0.213)	(0.217)
一般		1.281*	1.308*
		(0.190)	(0.194)
好		1.347**	1.364**
		(0.201)	(0.204)
非常好		1.413**	1.433**
		(0.214)	(0.218)
家庭成员健康状况		0.717***	0.732***
		(0.036)	(0.037)
ln（健康支出）		1.030***	1.031***
		(0.004)	(0.004)
风险态度			
风险偏好			1.385***
			(0.068)
风险厌恶			0.681***
			(0.024)
ln（家庭收入）	1.528***	1.501***	1.478***
	(0.022)	(0.022)	(0.021)
自有住房	0.867***	0.859***	0.862***
	(0.034)	(0.034)	(0.034)
医疗保险	1.255***	1.233***	1.245***
	(0.088)	(0.086)	(0.088)
户主男性	1.113***	1.117***	1.098***
	(0.041)	(0.041)	(0.041)
户主年龄	1.016**	1.020***	1.027***
	(0.007)	(0.007)	(0.007)
户主年龄平方项	1.000***	1.000***	1.000***
	(0.000)	(0.000)	(0.000)

续表

变量	Logit		
	(1)	(2)	(3)
户主有伴侣	0.924*	0.906**	0.929*
	(0.044)	(0.043)	(0.044)
户主受教育程度			
初中	1.476***	1.452***	1.463***
	(0.064)	(0.063)	(0.064)
高中	2.057***	2.001***	1.965***
	(0.096)	(0.094)	(0.092)
大学及以上	2.798***	2.679***	2.520***
	(0.143)	(0.138)	(0.131)
城市	1.426***	1.382***	1.375***
	(0.056)	(0.054)	(0.054)
地区			
中部	0.815***	0.828***	0.836***
	(0.028)	(0.029)	(0.030)
西部	0.917**	0.921**	0.916**
	(0.033)	(0.034)	(0.034)
观测值	27841	27841	27841
Pseudo R^2	0.122	0.125	0.134

注：*、**、*** 分别表示在10%、5%、1%的置信水平上显著，表中报告的是估计的边际效应，括号内为标准误。

第（1）列是仅考虑控制变量对家庭参与金融市场概率影响的回归结果。结果显示，家庭收入、医疗保险、户主男性、年龄、受教育程度、城市对家庭的金融市场参与有显著的正向影响，自有住房、年龄平方项、婚姻状况对家庭的金融市场参与有显著的负向影响。在地区方面，相较于东部地区，中部地区和西部地区的家庭金融市场参与概率要更低。

第（2）列、第（3）列是依次加入健康状况、风险态度变量的回归结果。结果显示，加入风险态度变量后，健康状况变量以及其他控制变量的回归结果与之前结论相同，但是健康状况相关变量的边际效应有所变化。

在健康状况方面，户主健康状况对家庭金融市场参与有正向影响，均在10%的水平上显著；家庭整体健康风险对家庭金融市场参与有显著的负向影响，边际效应为0.283，说明家庭自评健康状况差的成员占比越大，家庭越倾向于不参与金融市场；健康状况的维持需要医疗保健成本的投入，在医疗保健方面的投资能够帮助人们获得良好的健康状况，家庭健康支出对家庭的金融市场参与具有显著的正向影响。

健康支出越多，反映了个体主观生存预期，即预期寿命水平越高。根据弗里德曼的永久性收入假说，居民消费水平取决于居民的永久性收入；在整个生命周期里，随着年龄的增加，非风险性收入减少，尤其是退休以后很有可能呈现“断崖式”下跌，因此为了保证个人的消费水平或者说未来的生活质量，在现阶段就更可能进行财富积累，比如参与风险资产的投资来获得额外收益。这验证了本章的第一个研究假设，即健康状况对家庭金融投资行为具有显著的正向影响。

全模型结果显示，风险态度在1%的水平上显著地影响了家庭是否参与金融市场。相较于风险态度中性的家庭，风险偏好的家庭参与金融市场的概率显著增加了38.5%，风险厌恶的家庭参与金融市场的概率显著减少31.9%。这表明家庭投资金融资产的可能性随着风险偏好程度的增加而显著提高，即假设2成立。

在引入风险态度变量后，户主健康状况边际效应以及显著性水平的提高表明，风险态度是模型（1）中户主健康状况与家庭金融市场参与之间的抑制变量，假设3a不成立，这表明户主个人自评健康状况对家庭金融投资行为的影响在一定程度上被风险态度所掩盖，比预想中对家庭参与金融市场的促进作用更大；而家庭成员健康状况的边际效应在加入风险态度变量后有所降低，即从28.3%降为26.8%，表明风险态度在家庭成员健康状况与家庭金融市场参与之间发挥着中介作用，验证了本章的假设3b；而家庭健康支出的边际效应在加入风险态度变量后无明显变化，表明风险态度在家庭健康支出与家庭金融市场参与之间可能不存在中介效应，假设3c未被验证。这种表现可能是由于本章所研究的家庭健康支出并不是预期发生的，因而未对当前的风险态度产生影响。

控制变量的回归结果与第（1）列相同。在家庭层面变量方面，随着收入的增加，家庭参与金融市场的概率增加，符合“财富理论”；拥有自有住房的家庭越不愿意参与金融市场，两者呈现显著的负向关系，房产对金融市场参与的影响以“替代效应”和“挤出效应”为主；医疗保险显著地促进了家庭参与金融市场，参保家庭相较于未参保家庭更倾向于参与金融投资，表明医疗保险能够削弱健康风险对家庭参与金融市场的影响。参与医疗保险是家庭降低健康风险的有效途径，因为医疗保险能够改变家庭未来不确定性的预期，减少未来可能出现的大额医疗费用，从而抑制了健康风险对家庭金融资产投资的不利影响。

在户主特征变量方面，户主性别对家庭的金融市场参与具有显著的影响，户主为男性的家庭相较于女性而言，更倾向于参与金融投资；年龄和家庭参与金融市场的概率具有显著的正向关系，并表现出显著的二次型非线性影响，表明家庭参与金融市场的概率随着年龄的增加呈现先增后减的趋势，符合“生命周期理论”；以往有些研究认为婚姻是一种安全资产，已婚家庭比单身家庭更愿意投资金融市场；[①] 而本研究则表明户主有伴侣对家庭是否参与金融市场有显著的负向影响，户主有伴侣的家庭就越不倾向于参与金融投资。这与胡振等（2015）的研究发现一致。[②] 一方面，可能是因为无伴侣家庭负担较轻，抗风险能力更强，因而更愿意投资金融资产；另一方面，有伴侣的家庭则承担着更大的责任，在进行金融投资时更加谨慎和保守，更倾向于规避风险。由于已有文献中不一致的结论，婚姻对家庭金融市场参与的影响还有待未来研究的进一步验证。受教育程度显著促进家庭参与金融市场，户主受教育程度越高，说明对金融理财知识与风险收益的了解也更加深入，因而一定程度上促进了家庭的金融投资。在地区变量上，相较于农村家庭，城市家庭参与金融市场的概率显著增加；相较于东部地区，中部地区和西部地区的家庭金融市场参与概率显著较低。

---

① 王翀，吴卫星．婚姻对家庭风险资产选择的影响［J］．南开经济研究，2014（3）：100-112.

② 胡振，王春燕，臧日宏．家庭异质性与金融资产配置行为——基于中国城镇家庭的实证研究［J］．管理现代化，2015，35（2）：16-18.

（二）风险资产占比分析

在分析家庭风险资产持有比重的因素决定时，本章采用 Tobit 模型进行实证分析。该模型试图找到影响家庭持有的风险资产量在金融总资产中占比的因素，尤其是健康状况、风险态度是否会影响家庭风险资产占比。该模型的回归结果如表 2-6 所示。

表 2-6 风险资产占比的实证分析

变量	Tobit		
	(1)	(2)	(3)
户主健康状况			
差		0.109**	0.115**
		(0.055)	(0.054)
一般		0.071*	0.080*
		(0.054)	(0.053)
好		0.112**	0.117**
		(0.054)	(0.054)
非常好		0.122**	0.127**
		(0.055)	(0.055)
家庭成员健康状况		-0.130***	-0.118***
		(0.019)	(0.019)
ln（健康支出）		0.010***	0.010***
		(0.002)	(0.002)
风险态度			
风险偏好			0.099***
			(0.018)
风险厌恶			-0.162***
			(0.013)
ln（家庭收入）	0.126***	0.120***	0.114***
	(0.005)	(0.005)	(0.005)
自有住房	-0.064***	-0.067***	-0.065***
	(0.015)	(0.015)	(0.015)

续表

变量	Tobit		
	(1)	(2)	(3)
医疗保险	0.086***	0.081***	0.083***
	(0.026)	(0.026)	(0.026)
户主男性	0.034**	0.034**	0.027**
	(0.014)	(0.014)	(0.014)
户主年龄	-0.001	0.001	0.003
	(0.003)	(0.003)	(0.000)
户主年龄平方项	-0.000***	-0.000***	-0.000***
	(0.000)	(0.000)	(0.000)
户主有伴侣	-0.030*	-0.039**	-0.030*
	(0.018)	(0.018)	(0.018)
户主受教育程度			
初中	0.140***	0.134***	0.134***
	(0.016)	(0.016)	(0.016)
高中	0.238***	0.225***	0.211***
	(0.018)	(0.018)	(0.018)
大学及以上	0.375***	0.355***	0.321***
	(0.019)	(0.020)	(0.019)
城市	0.141***	0.127***	0.121***
	(0.015)	(0.015)	(0.015)
地区			
中部	-0.074***	-0.065***	-0.060***
	(0.013)	(0.013)	(0.013)
西部	-0.039***	-0.035***	-0.036***
	(0.014)	(0.014)	(0.014)
观测值	27841	27841	27841
Pseudo R^2	0.103	0.106	0.114

注：*、**、*** 分别表示在10%、5%、1%的置信水平上显著，表中报告的是估计的边际效应，括号内为标准误。

在核心解释变量方面，与Logit模型的回归结果相同。整体而言，健康状况、风险态度对家庭风险资产占比具有显著影响，这与假设1、假设2一致。具体来说，户主健康状况除了一般健康状况外，其他健康状况均在5%水平下影响显著，家庭成员健康状况、家庭健康支出对风险资产占比的影响在1%的水平下显著，说明居民家庭的健康状况越好，在健康方面的支出越多，家庭在风险资产方面的投资比重越大，进一步表明了健康作为一种特殊人力资本的积极效用，维持健康状况有赖于健康支出的投入。

风险态度对风险资产占比的影响也在1%的水平下显著，相较于风险中性家庭，风险厌恶家庭风险资产的持有比重显著低于16.2%，风险偏好家庭风险资产的持有比重显著高于9.9%。加入风险态度变量后，户主健康状况的边际效应有所提高，即风险态度表现出抑制效应，风险态度在户主健康状况与风险资产占比之间没有发挥中介效应，因此本章的假设3a并未被验证。

家庭成员健康状况在加入风险态度变量后边际效应减少了1.2%，表明在家庭成员健康状况与风险资产投资占比之间，风险态度起到部分中介作用，家庭自评非健康成员占比越高，家庭的风险态度越趋向于保守，进而会减少风险资产的投资占比，验证了假设3b；家庭健康支出在加入风险态度变量后边际效应没有变化，表明风险态度在家庭健康支出与风险资产投资占比之间并未发挥中介作用，因此假设3c不成立。

在控制变量方面，家庭收入对风险资产占比依然具有显著的正向影响，具有“财富效应”，风险资产的比重会随着家庭收入的增加而显著提高；自有住房对风险资产占比具有显著的负向影响，表现出住房的“挤出效应”，即对住房的投资会降低对金融风险资产的投资比重；医疗保险对风险资产占比具有显著的促进作用，拥有医疗保险的家庭更愿意加大风险资产的投资比重，医疗保险能够在一定程度上补偿健康风险所带来的经济成本，进一步促进家庭参与风险投资。

与Logit模型的回归结果不同，户主年龄对风险资产占比的影响并不显著，而其他户主特征变量的影响方式与Logit模型的回归结果相同。城乡类型和地区变量对风险资产占比的影响显著，城市家庭相较于农村家庭的风险资产占比更高，中部地区和西部地区家庭的风险资产占比要低于东部地区家庭。

（三）风险态度的中介效应检验

此前采用逐步回归的方法初步探索了户主健康状况、家庭成员健康状况以及家庭健康支出是否通过影响风险态度来影响家庭金融投资行为，发现风险态度在户主健康状况与家庭金融投资行为之间发挥抑制效应，在家庭健康支出与家庭金融投资行为之间不存在中介效应，而仅有家庭成员健康状况通过影响风险态度发挥中介效应来影响家庭金融投资行为。为进一步检验风险态度的中介效应是否存在，本章通过 KHB 检测法进行中介效应的二次检验并估计中介效应的贡献度。

表 2-7 的第（1）列、第（2）列分别为风险态度在家庭成员健康状况（家庭自评非健康成员占比）与家庭金融市场参与、风险资产占比之间中介效应的检验结果。结果显示，家庭成员健康状况无论是对家庭金融市场参与概率还是对风险资产持有比重的影响，总效应、直接效应与中介效应均显著，表明风险态度在两者之间发挥着中介作用。将中介效应分解后，发现家庭成员健康状况对风险态度的作用为负，风险态度对家庭金融市场参与以及风险资产占比的作用为正，即家庭成员健康状况与风险态度负相关。这是因为当家庭非健康成员占比越大时，家庭面临越大的健康风险，因而家庭会为了规避风险而不愿意进行金融投资、减少风险资产的持有，转向更为安全的投资。因此，风险态度在家庭成员健康状况（家庭自评非健康成员占比）与家庭金融市场参与以及风险资产持有比重之间发挥了部分中介作用：家庭成员健康状况对家庭参与金融市场概率的影响有 6.59%是通过风险态度来实现的，家庭成员健康状况对家庭风险资产持有比重的影响有 7.08%是通过风险态度来实现的。

表 2-7　风险态度的中介效应检验

变量	金融市场参与	风险资产占比
	家庭成员健康状况（1）	家庭成员健康状况（2）
总效应	-0.299***	-0.114***

续表

变量	金融市场参与	风险资产占比
	家庭成员健康状况（1）	家庭成员健康状况（2）
直接效应	-0.279***	-0.106***
中介效应	-0.020**	-0.008**
置信区间下限	-0.036	-0.015
置信区间上限	-0.004	-0.001
贡献率（%）	6.59	7.08

注：*、**、***分别表示在10%、5%、1%的置信水平上显著，控制变量同表2-5。

（四）家庭金融投资行为影响的性别差异

不同性别的风险态度不同，进而作出金融投资决策也不同。为研究健康状况、风险态度对家庭金融投资行为影响的性别差异，在模型（1）、模型（2）的基础上，本章将全样本按性别划分成两个子样本进行回归分析。表2-8是性别差异对家庭金融市场参与和家庭风险资产占比影响的回归结果。

在户主健康状况差的情况下，户主为男性的家庭金融市场参与的可能性以及风险资产占比在10%的水平下显著较高。而对于女性户主来说，不论健康状况好坏，都对其参与金融市场存在显著影响，但只有在其健康状况好或者非常好的情况下，女性户主风险资产持有比重显著较高。家庭成员健康状况、家庭健康支出对家庭金融市场参与的可能性以及风险资产占比的影响不存在性别差异，均在1%的水平下显著，表明在医疗保健方面的投资对男性与女性健康状况的改善效果是相同的。风险态度对男性户主和女性户主参与金融市场和投资风险资产的比重均在1%的水平下呈显著影响，只是在女性户主家庭中，风险态度影响的边际效应相对较高。上述结果表明，并非健康状况越好越能促进家庭金融市场的参与，这与户主健康状况的具体水平有关；相较于男性户主家庭，风险态度对女性户主家庭金融投资决策的影响更大。

表 2-8　家庭金融投资行为影响的性别差异

变量	金融市场参与率		风险资产占比	
	男性（1）	女性（2）	男性（3）	女性（4）
户主健康状况				
差	1.348*	1.966*	0.105*	0.155
	(0.227)	(0.711)	(0.062)	(0.117)
一般	1.186	1.937*	0.059	0.143
	(0.195)	(0.704)	(0.060)	(0.118)
好	1.241	2.025*	0.089	0.208*
	(0.205)	(0.740)	(0.060)	(0.119)
非常好	1.301	2.142**	0.096	0.234*
	(0.219)	(0.797)	(0.061)	(0.121)
家庭成员健康状况	0.740***	0.691***	-0.116***	-0.127***
	(0.041)	(0.090)	(0.021)	(0.049)
ln（健康支出）	1.029***	1.038***	0.010***	0.011***
	(0.005)	(0.010)	(0.002)	(0.003)
风险态度				
风险偏好	1.312***	1.694***	0.076***	0.183***
	(0.072)	(0.191)	(0.020)	(0.040)
风险厌恶	0.687***	0.653***	-0.156***	-0.180***
	(0.027)	(0.510)	(0.015)	(0.029)
观测值	22041	5800	22041	5800
Pseudo R^2	0.129	0.159	0.109	0.136

注：*、**、*** 分别表示在 10%、5%、1%的置信水平上显著，括号内数值为标准误，控制变量同表 2-5。

九、健康状况、风险态度影响家庭参与金融市场的城乡差异

为了检验实证结果的稳健性，本章将全样本分为城市样本和农村样本进行分组研究。根据表 2-9 的数据，总体来看，良好的健康状况会促进家庭参与金融市场，并增加家庭在风险资产上的投资比重；同时，随着风险

偏好程度的增加，家庭参与金融市场的可能性和投资风险资产的比重显著提高。健康支出在城乡居民之间表现出的差异性，可能是因为中国城市与农村居民享受的医疗保险参与率与覆盖率的不同而引起的。在农村家庭中，用于就诊和保健的健康支出更多地取决于家庭经济中是否有结余，因此为健康支出也就成为“奢侈”。鉴于各个解释变量对金融市场参与和风险资产占比的影响程度较为一致，表明本章的估计结果具有稳健性。

表 2-9 健康状况、风险态度与家庭金融投资行为：稳健性检验

（城市和农村分样本回归）

变量	金融市场参与率		风险资产占比	
	城市（1）	农村（2）	城市（3）	农村（4）
户主健康状况				
差	1.377*	1.613*	0.107*	0.148
	(0.242)	(0.505)	(0.063)	(0.122)
一般	1.199	1.540	0.068	0.097
	(0.207)	(0.467)	(0.062)	(0.118)
好	1.196	1.954**	0.092	0.195*
	(0.208)	(0.598)	(0.062)	(0.120)
非常好	1.284	1.851**	0.108*	0.178*
	(0.227)	(0.579)	(0.063)	(0.123)
家庭成员健康状况	0.700***	0.810*	-0.122***	-0.115***
	(0.044)	(0.073)	(0.023)	(0.040)
ln（健康支出）	1.034***	1.012	0.011***	0.005
	(0.005)	(0.010)	(0.002)	(0.004)
风险态度				
风险偏好	1.500***	0.931	0.115***	-0.015
	(0.081)	(0.122)	(0.019)	(0.059)
风险厌恶	0.639***	0.858*	-0.182***	-0.083**
	(0.025)	(0.072)	(0.014)	(0.038)
观测值	20448	7393	20448	7393
Pseudo R^2	0.116	0.098	0.098	0.086

注：*、**、*** 分别表示在10%、5%、1%的置信水平上显著，括号内数值为标准误，控制变量同表2-5。

十、健康状况、风险态度与家庭金融投资行为之间的关系及促进中国家庭金融市场的健康发展的建议

基于2017年中国家庭金融调查数据，本章研究了健康状况、风险态度与家庭金融投资行为之间的关系。在以往研究基础上，从主观和客观层面对健康状况进行了操作化，验证了家庭层面的健康状况作为一种可投资的健康资本，对家庭金融市场参与及家庭资产选择具有显著的正向影响。从理论层面上理解，经济学假设家庭投资者是理性的，实现资源跨期优化配置，达到长期效用最大化。健康支出越多，反映了个体对于健康时间的投资越多，因此预期自己的生存年限越长。那么在整个生命周期里，随着年龄的增加，非风险性收入会减少，尤其是退休以后很有可能呈现断崖式下跌。根据弗里德曼永久性收入假说，居民消费水平取决于居民的永久性收入，这些个体为了保证自己的消费水平或者说未来的生活质量，在现阶段就更可能进行财富积累。如参与风险资产的投资来获得额外收益。同时，在控制健康状况的情况下，随着风险偏好程度的增加，家庭金融市场参与的可能性、风险资产的投资比重也显著提高。

研究发现相较于女性户主，男性户主更倾向于参与家庭金融市场、投资风险资产；但值得注意的是，户主健康状况对家庭金融投资行为的影响存在显著的性别差异，在户主健康状况好或者非常好的情况下，女性比男性持有风险资产的比重显著提高；风险态度对女性户主家庭金融投资决策的影响更大。研究还进一步发现了“财富效应”和“挤出效应”对家庭投资金融资产的影响。即随着收入的增加，家庭金融市场参与可能性越大，风险资产占比越高，具有显著的正向影响，表现出“财富效应”；拥有自有住房会抑制家庭参与金融市场、降低投资风险资产的比重，具有显著的负向影响，表现出“挤出效应”。同时，参与医疗保险能够降低健康风险所带来的经济负担，因此参保家庭投资金融资产的可能性以及风险资

产持有比重相对较高。

研究详细阐释了健康状况、风险态度对家庭金融投资行为的影响机制，并从金融社会学的视角阐释了健康作为一种资本正逐渐被投资者所重视，为更好地理解居民家庭的资产配置和实现其资产增值提供了新的方向。对于金融机构而言，针对不同健康状况和风险态度的家庭进行产品设计和金融创新，通过细分市场，从而实现整个社会的资源优化配置。在宏观层面，研究结论能够反映居民对自身寿命和风险管理的合理预期，因此对于深化医疗体制改革，促进医疗资源与医疗保健支出的合理分配，进一步提高全民健康水平、降低家庭的健康风险，具有一定的指导意义；通过提高家庭参与金融市场的广度和深度，从而促进中国家庭金融市场的健康发展。

第三章　住房类型、金融素养与家庭金融投资行为

众所周知，过去十几年是国内房地产发展的黄金时期，房子作为大类资产成为居民财富增值的保证，近几年在“房住不炒”的政策引导下，房产在财富中的贡献度正在下降，中国居民资产配置正逐步从房地产等实物资产转向金融资产。中信里昂证券预计，中国家庭未来九年将把 18 万亿美元的资金转入金融产品。这种资产配置结构性的转变，既有利于提高居民家庭财产性收入，也有利于调节收入分配差距、促进宏观经济增长。在这一章中，笔者将从微观层面着重探讨住房类型和金融素养对家庭金融投资行为的影响机制。

一、居民家庭金融资产配置结构的特点

随着中国城乡居民可支配收入大幅度增长，资产配置成了家庭投资决策的重要内容。中国家庭资产配置主要以住房投资为主，金融风险资产的投资参与率及参与度在国际上均处于较低的水平。[①] 自 20 世纪末中国推行住房商品化改革，福利分房政策被取消后，住房市场取得了飞速发展，住房价格也随之不断攀升，居民家庭住房自有率迅速提高。2019 年《中国家庭财富调查报告》显示，居民家庭金融资产配置结构呈现单一性的特点：家庭储蓄水平较高，集中在现金、活期存款和定期存款，在家庭金融资产

① 吴卫星，吕学梁．中国城镇家庭资产配置及国际比较——基于微观数据的分析［J］．国际金融研究，2013（10）：45-57.

中占比接近九成。在财产构成方面，93.03%的居民家庭至少拥有一套住房；房产净值在城乡居民家庭中存在一定差异，城镇居民家庭房产净值占家庭人均财富的71.35%，农村居民家庭房产净值的占比为52.28%。单一的金融资产结构不利于居民家庭平衡资产风险，而且难以实现保值增值①。此外，城乡居民家庭的住房构成也存在明显差异。城镇居民家庭以购买新建商品房为主，占比为36.26%，自建住房的比例和购买二手房比例分别为24.43%和10.97%；农村居民家庭以自建住房为主，占比为53.18%，自建住房的比例几乎是城市居民家庭的2倍，购买新建商品房、二手房的比例分别为21.81%、6.73%。与此同时，中国房产净值增长也主要得益于新建商品房和二手房的价值增长。由此可见，中国居民家庭房产净值差异在一定程度上也反映了居民家庭在住房构成上的差异。

城镇化进程的推进让中国居民家庭在金融投资上也呈现出较大的城乡差异。从微观角度来看，这种城乡差异主要来自城市家庭与农村家庭在收入水平、住房、受教育程度、金融素养等方面的差异，进而影响了家庭金融投资。家庭收入与地区经济发展水平密切相关，城乡经济发展的二元性导致城市家庭的收入高于农村家庭。而学者研究发现，家庭收入对家庭参与金融投资的可能性和参与深度都具有显著的正向影响。②③④⑤ 住房也是另一重要的家庭经济因素，相较于农村家庭，城市家庭在城镇化进程中以购买商品房为主，承担着更大的购房压力，而农村家庭住房以自建住房为主。有研究发现，家庭住房的持有能够显著降低家庭金融市场参与率以及金融资产持有比例。⑥⑦ 城乡之间的教育水平差异影响了中国居民的个人受

① 经济日报社中国经济趋势研究院家庭财富调研组．中国家庭财富调查报告2019［R］．2019.

② Faig, M., Shum Nolan P. What Explains Household Stock Holding?［J］. Journal of Banking and Finance, 2009, 30 (9): 2579-2597.

③ Wachter, J. A., Yogo, M. Why Do Household Portfolio Shares Rise in Wealth?［J］. The Review of Financial Studies, 2010, 23 (11): 3929-3965.

④ He, Z., Shi, X., Lu, X. Home equity and household portfolio choice: Evidence from China［J］. International Review of Economics and Finance, 2019, 60 (3): 149-164.

⑤ 单德朋．金融素养与城市贫困［J］．中国工业经济，2019（4）：136-154.

⑥ 何杨平，何兴强．健康与家庭风险金融资产投资参与程度［J］．华南师范大学学报（社会科学版），2018（2）：135-142.

⑦ 高玉强，张宇，宋群．住房资产对家庭风险资产投资的挤出效应［J］．经济与管理评论，2020（4）：106-121.

教育程度和金融素养水平，进而导致城乡家庭对金融资产的不同选择。以往研究也验证了受教育程度、金融素养对家庭金融投资行为具有的正向影响。①②③ 因此，鉴于城乡家庭住房环境和金融素养对家庭金融投资的影响存在显著差别，为了保证结论的有效，本章通过实证分析，从住房与城市家庭金融投资行为之间的关系出发，讨论住房对家庭金融投资行为的影响是表现出“负向挤出效应”还是“正向财富效应”，进而分析金融素养是否在住房与城市家庭金融投资行为之间发挥着中介作用，为解释家庭金融投资行为提供经验证据，为进一步促进中国金融市场健康发展探讨可行措施。

二、住房对家庭金融投资行为影响的实证研究与假设

区别于市场上的其他投资产品，一方面，住房是家庭为数不多可以通过贷款进行投资的资产；另一方面，住房也兼具消费和投资的双重属性，④ 因而住房在家庭层面影响着对其他商品和服务的需求，对家庭的生活水平和投资水平有着直接影响。值得注意的是，住房虽然可以通过借贷来消费或投资，但其流动性与分散化程度不如金融投资产品，因此住房市场的价格波动会对家庭投资者的投资行为产生影响。⑤ 此外，拥有住房不仅是一种文化偏好，也是抵御未来贫困风险的必要手段。虽然很多家庭能够通过住房享有实物收入来弥补较低的家庭收入，并获得长期增值的住房投资，但从住房中提取资产价值更为困难，难以将这些固定资产转化为用于消费的流动资源。因此，目前学术界关于住房对家庭金融投资行为的影响存在两个不同的观点，即住房对家庭金融投资的影响究竟是“挤出效应”

---

① Bertocchi, G., Brunetti M, Torricelli, C. Marriage and Other Risky Assets: A Portfolio Approach [J]. Social Science Electronic Publishing, 2011, 35 (11): 2902-2915.

② 廖婧琳．婚姻状况与居民金融投资偏好［J］．南方金融，2017（11）：23-32.

③ 胡尧．金融知识、投资能力对中国家庭金融市场参与及资产配置的影响［J］．中国市场，2019（1）：13-18.

④ 杨赞，张欢，赵丽清．中国住房的双重属性：消费和投资的视角［J］．经济研究，2014（1）：55-65.

⑤ 吴卫星，王治政，吴锟．家庭金融研究综述——基于资产配置视角［J］．科学决策，2015（4）：69-94.

占主导作用还是“财富效应”占主导作用，尚未取得一致的结论。

（一）“挤出效应”的实证研究

目前关于住房的研究主要集中在住房所有权、住房数量、住房价格、住房资产比重、住房贷款等方面，[①][②] 指出家庭住房投资对风险金融资产投资比重有显著的“挤出效应”，[③] 即在家庭资产一定的情况下，住房投资会导致用于风险金融资产的投资比例减少。弗拉坦托尼研究发现，拥有住房会给家庭带来房价风险和确定的还贷风险，因而会减少家庭风险资产投资；[④] 拥有住房也会减少流动性金融资产中股票资产的份额。[⑤] 需要特别指出的是，对于那些年轻以及贫穷的家庭来说，这种“挤出效应”更为明显。科克研究发现，住房投资会减少年轻家庭和财富水平较低家庭的流动性资产，挤出家庭投资者的股票资产投资份额，这也与以往的研究结果相一致。[⑥]

（二）“财富效应”的实证研究

现有文献也得出了竞争性研究结论，部分学者认为住房作为重要家庭资产，其价值的提升会提高家庭的财富水平，促进家庭投资金融资产，表现出“财富效应”。[⑦][⑧] 随着住房的大幅升值，家庭财富随之增加，促进家

① Cardak, B. A, Wilkins, R. The Determinants of Household Risky Asset Holdings: Australian Evidence on Background Risk and Other Factors [J]. Journal of Banking and Finance, 2009, 33 (5): 850-860.

② He, Z., Shi, X., Lu, X. Home equity and household portfolio choice: Evidence from China [J]. International Review of Economics and Finance, 2019, 60 (3): 149-164.

③ 周雨晴，何广文．住房对家庭金融资产配置的影响［J］．中南财经大学学报，2019（2）．

④ Fratantoni, M. C. Homeownership and Investment in Risky Assets [J]. Journal of Urban Economics, 1998, 44 (1): 27-42.

⑤ Yao, R., Zhang, Harold H. Optimal Consumption and Portfolio Choices with Risky Housing and Borrowing Constraints [J]. Review of Financial Studies, 2005, 18 (1): 197-239.

⑥ Cocco, J. F. Portfolio Choice in the Presence of Housing [J]. Review of Financial Studies, 2005 (2): 535-567.

⑦ Tobin, J. Asset Accumulation and Economic Activity: Reflections on Contemporary Macroeconomic Theory [J]. Economica, 1980, 48 (191): 134-138.

⑧ 陈永伟，史宇鹏，权五燮．住房财富、金融市场参与和家庭资产组合选择——来自中国城市的证据［J］．金融研究，2015，(4)：1-18.

庭积极参与金融投资。如恰尔达克和威尔金斯（2009）发现，在信用制度比较健全的社会环境下，住房可以作为抵押品，拥有住房越多的家庭越有可能去投资风险资产；但如果从住房净值与购房抵押债务两个角度来衡量住房价值，二者对风险资产持有的影响是相反的，即住房净值的增加会提高风险资产配置，而购房抵押债务则会导致风险资产配置下降。[①][②] 国内学者吴卫星等（2010）通过住房资产占金融资产的比重来衡量房产投资，研究发现住房在家庭财富水平比较低时，对其他风险资产投资有“挤出效应”，但对于本身拥有住房且财富水平较高的家庭，住房提高了家庭抵御风险的能力，投资风险资产的比例反而会增高；[③] 刘进军（2015）发现，在中国城镇家庭中，住房所有权和住房数量与家庭风险金融资产之间是互补关系而非替代关系，即住房对风险资产持有具有正向影响，居民家庭可能正是凭借住房持有以达到多元化的投资组合，从而提高风险金融资产的持有量；[④] 张哲、谢家智（2018）的研究也发现，是否拥有多套住房对农村家庭金融资产的“挤出效应”并不显著。[⑤]

（三）关于住房类型的研究假设

鉴于中国住房市场的特殊性，有学者研究发现，住房市场化采取的双轨制改革模式，使住房领域的市场转型具有二元性，商品住房获得逐渐由市场机制起决定作用，福利住房获得则延续了再分配机制。[⑥] 在房地产市

---

① Cardak, B. A, Wilkins, R. The Determinants of Household Risky Asset Holdings: Australian Evidence on Background Risk And Other Factors [J]. Journal of Banking and Finance, 2009, 33 (5): 850-860.

② Chetty R, Szeidl, A. The Effect of Housing on Portfolio Choice [J]. National Bureau of Economic Research, 2010, 72 (3): 1171-1212.

③ 吴卫星，易尽然，郑建明. 中国居民家庭投资结构：基于生命周期，财富和住房的实证分析 [J]. 经济研究，2010，(S1)，72-82.

④ 刘进军. 中国城镇居民家庭异质性与风险金融资产投资 [J]. 经济问题，2015 (3): 51-55+60.

⑤ 张哲，谢家智. 中国农村家庭资产配置影响因素的实证研究 [J]. 经济问题探索，2018 (9): 150-164.

⑥ 吴开泽. 房改进程、生命历程与城市住房产权获得（1980—2010 年）[J]. 社会学研究，2017，32 (5): 64-89+243-244.

场上，中国的住房差异主要来源于家庭财富差异，低收入家庭很难改善住房条件；[①] 而且住房净值作为一种金融资源，与自建/扩建住房、福利房相比，商品房具有更高的价值。[②] 因此，从住房价值和家庭财富水平来考虑，本章提出以下假设。

假设 1a：拥有商品房会显著增加家庭投资金融资产的可能性，表现出“财富效应”。

假设 1b：拥有自建/扩建房会显著降低家庭投资金融资产的可能性，表现出“挤出效应”。

（四）关于住房贷款的实证研究

与此同时，住房作为一种消费品或投资品，可以通过借贷的方式来消费或投资。分期支付的住房贷款是家庭负债的重要体现，它在一定程度上减轻了购房家庭的经济负担，也使家庭在面临经济冲击时能够分散债务风险。近年来，不断攀升的房价激发了人们对未来房价的上涨预期，不同财富收入水平的家庭在资产配置中的住房资产比重持续增加。由于高收入家庭对住房的购买能力和融资能力更强，因而其住房负债率和杠杆率也较高。吴卫星等（2013）的研究也表明，家庭负债规模的差异导致了居民家庭财富差距的扩大，并对家庭资产配置产生不同的影响。更高收入家庭面临的信贷约束程度越低，这是因为这类家庭的财富积累速度更快，可以通过抵押贷款融资进一步完善家庭金融资产配置。[③] 此外，在中国，住房贷款需要有相应的资质，如拥有稳定的收入、良好的信用、被认可的抵押资产等，高收入、拥有更多资产的家庭能通过金融杠杆扩大与其他家庭的住房差距，富裕家庭在获得更高资产收益率、更快财富增长速度的同时却承

---

① Ren, Q., Hu, R. Housing inequality in urban China [J]. Chinese Journal of Sociology, 2016, 2 (1): 144-167.

② Toussaint, J., Elsinga, M. Exploring “Housing Asset-Based Welfare”: Can the UK be Held Up as An Example for Europe? [J]. Housing Studies, 24 (5): 669-692.

③ 吴卫星，徐芊，白晓辉．中国居民家庭负债决策的群体差异比较研究［J］．财经研究，2013，39（3）：19-29.

担着更低负债成本。[①][②] 高负债、高住房价值与高收入表现出正相关关系，[③] 由此可见，持有住房贷款在一定程度上可以反映家庭拥有一定的财富水平和投资能力，更有可能将资金用于投资风险金融资产。因而，我们将住房贷款作为控制变量纳入模型当中以提高实证结果的准确性以及解释能力。

三、金融素养对家庭金融投资行为影响的实证研究与假设

金融素养是一种重要的人力资本，指投资者所拥有的为其一生金融福祉而有效管理其金融资源的知识和能力。[④] 近年来，国内外学者发现金融素养对金融投资的重要作用；科尔（2006）认为，金融知识对人们生活的影响越来越大，金融知识的水平是居民能否被纳入金融体系的重要因素；[⑤] 曾志耕等（2015）发现，金融知识水平越高的家庭，参与金融市场的概率越高，投资的金融产品类型越多；[⑥] 秦海林等（2018）、胡尧（2019）均发现了金融知识的提高有助于提高家庭金融市场参与率并更多地投资于风险资产。[⑦][⑧] 此外，也有学者发现了金融素养存在一定的城乡差异，由于城乡之间的经济发展水平不同、资源分配不均、金融深化程度不同，投资者面临的金融产品和服务有所差异，因而城乡投资者的金融素养也呈现出较

① 陈钊，陈杰，刘晓峰．安得广厦千万间：中国城镇住房体制市场化改革的回顾与展望[J]．世界经济文汇，2008（1）：43-54.

② 吴卫星，李雅君．家庭结构和金融资产配置——基于微观调查数据的实证研究［J］．华中科技大学学报（社会科学版），2016（2）：61-70.

③ Ling，D. C.，Garry，A. M. Evidence on the Demand for Mortgage Debt by Owner－occupants［J］．Journal of Urban Economics，1998，44（1）：391-414.

④ 胡振，臧日宏．金融素养对家庭理财规划影响研究——中国城镇家庭的微观证据［J］．中央财经大学学报，2017（2）：72-83.

⑤ Corr，C. Financial Exclusion in Ireland：An Exploratory Study and Policy Review［M］．Dublin：Combat Poverty Agency，2006.

⑥ 曾志耕，何青，吴雨，等．金融知识与家庭投资组合多样性［J］．经济学家，2015（6）：88-96.

⑦ 秦海林，李超伟，万佳乐．金融素养、金融资产配置与投资组合有效性［J］．南京审计大学学报，2018（15）：99-110.

⑧ 胡尧．金融知识、投资能力对中国家庭金融市场参与及资产配置的影响［J］．中国市场，2019（1）：13-18.

大的差异性，城市居民的金融素养普遍高于农村。①

Stiglitz 和 Weiss（1981）指出，信息不对称的金融市场将会增加家庭参与金融经济活动的困难和障碍，导致部分家庭远离金融市场。② 因而，较少参与金融服务与金融活动不利于金融信息的获取，这在很大程度上造成了居民家庭金融知识的贫乏，进而对其参与风险金融投资产生负向影响。居民家庭在购买商品房的过程中，可以通过金融机构获得金融知识和投资知识，以此提升金融素养水平，进而促进居民家庭金融资产投资。鉴于目前从住房方面对家庭金融投资行为的研究大多考虑住房的独立影响，大多忽略了金融素养在住房与家庭金融投资行为之间可能存在的影响。因此，本章提出以下假设。

假设 2a：商品房通过影响金融素养发挥中介效应来影响家庭金融投资行为。

假设 2b：自建/扩建房通过影响金融素养发挥中介效应来影响家庭金融投资行为。

基于以上讨论，本章建立以下研究框架，见图 3-1。

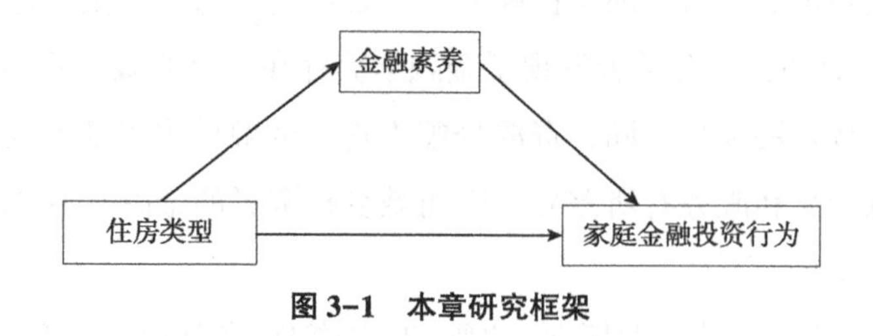

图 3-1 本章研究框架

① 刘国强．中国消费者金融素养现状研究——基于 2017 年消费者金融素养问卷调查［J］．金融研究，2018（3）：1-20.

② Stiglitz, J. E., Weiss, A. Credit Rationing in Markets with Imperfect Information［J］. American Economic Review, 1981, 71（3）：393-410.

四、基于2017年中国家庭金融调查的实证研究

（一）研究数据来源

研究数据来自2017年中国家庭金融调查（China Household Finance Survey，CHFS）。中国家庭金融调查采用了科学的随机抽样方法，共采集样本40011户，覆盖了全国29个省、355个区县、1428个社区，具有全国、省级和部分副省级城市代表性。该项目是由西南财经大学中国家庭金融调查与研究中心进行的一项全国性调查，其主要目的是收集有关家庭金融微观层次的相关信息，包括住房资产和金融财富、负债和信贷约束、收入、消费、社会保障与保险、代际的转移支付、人口特征和就业、支付习惯等相关信息。这些丰富的信息为实证分析提供数据支撑。本章对于城市家庭金融投资行为的分析单位是家庭，而不是个人，在去掉关键变量缺失的样本后，分析对象是13050户具有有效信息家庭。

（二）变量设计

1. 被解释变量

本章的研究重点是家庭金融投资行为，目前已有研究主要集中在家庭金融市场参与和风险资产占比这两方面。①② 考虑到城乡差异，农村家庭参与股票等风险金融市场的比例较低，因此为避免有偏估计，本章只研究城市家庭的金融投资行为，并采用“家庭风险资产占比”这一变量来衡量。

① 胡尧．金融知识、投资能力对中国家庭金融市场参与及资产配置的影响［J］．中国市场，2019（1）：13-18.

② 周雨晴，何广文．住房对家庭金融资产配置的影响［J］．中南财经政法大学学报，2019（2）：76-87+159-160.

CHFS数据显示，家庭金融资产主要由股票、基金、金融理财产品、金融衍生品、债券、黄金、非人民币资产、活期存款和定期存款、现金和借出款组成；家庭风险金融资产主要由股票、基金、金融理财产品、金融衍生品、债券、黄金、非人民币资产和借出款组成。家庭风险资产占比为连续变量，通过家庭风险资产占家庭金融总资产比重来测量，取值范围是0~1。

2. 解释变量

本章的核心解释变量为住房类型。住房类型分为商品房、福利房、自建/扩建房三类。其中，“商品房”包含“购买新建商品房”“购买二手商品房”；“福利房”包含“购买政策性住房”“继承或赠予”“低于市场价从单位购买”“集资建房”“安置房”“购买小产权房”“其他”。考虑到福利房影响因素的复杂性，本章将其作为参照项。

3. 其他变量

为更好地控制其他相关因素对家庭金融投资行为的影响，笔者从家庭特征和地区特征两个方面考虑选取控制变量。家庭特征变量为住房贷款、家庭收入，住房贷款为二元虚拟变量，“是”取值为1，“否”取值为0；地区特征变量用城乡类型和地区变量来测量。此外，考虑到住房与家庭金融投资行为之间可能存在中介效应，研究还选取金融素养作为中介变量加入回归模型。参考尹志超等（2014）的做法，金融素养通过对利率、通货膨胀、投资风险判断这三个方面问题的回答来衡量，采用主成分分析的方法来计算金融素养指标。①

表3-1为所研究的相关变量的描述性统计结果。数据显示，在13050个城市样本中，风险资产占比均值为17%，说明中国家庭风险资产占家庭金融总资产比重较低的特征。从住房类型来看，32.49%为商品房，35.73%为福利房，31.78%的住房为自建/扩建；只有6.46%的家庭拥有住房贷款。样本中家庭的平均年收入为10.966万元；在东部地区、中部地

① 尹志超，宋全云，吴雨．金融知识、投资经验与家庭资产选择［J］．经济研究，2014（4）．

区、西部地区的家庭分别占比为 54.3%、24.96%、20.74%；金融素养的均值为 0.247，表明中国居民家庭投资者金融素养水平较低。

表 3-1　变量的描述性统计结果

变量名称	均值/频数	标准差/百分比	最小值	最大值
风险资产占比	0.170	0.300	0	1
住房类型				
商品房	4243	32.49	0	1
自建/扩建房	4150	31.78	0	1
福利房	4666	35.73	0	1
是否有住房贷款				
是	844	6.46	0	1
否	12215	93.54	0	1
家庭收入（万元）	10.966	1.482	0	15.425
地区				
东部	7091	54.30	0	1
中部	3259	24.96	0	1
西部	2709	20.74	0	1
金融素养	0.247	0.915	-1.390	1.234

（三）模型设定

为研究城市家庭金融投资行为，研究从家庭资产选择这一方面来考量，构建了一个被解释变量——“家庭风险资产占比”。基于 2017 年家庭金融调查微观数据，研究采用 Tobit 模型，控制其他影响因素，实证研究住房类型与城市家庭风险资产占比之间的关系。

在考察家庭金融资产选择时，因变量为家庭风险资产占比，由于家庭持有的风险金融资产有可能为零，本章采用的是 Tobit 模型。Tobit 模型可以解决由于很多家庭不持有风险金融资产而导致的 0 聚集性问题。在这种截断数据的情况下，研究采用 Tobit 模型来分析不同住房类型对家庭风险资产占比的影响，该模型回归方程形式为

$$risk\_weight_i = \alpha + \beta_1 house_i + \beta_2 X_i + \varepsilon_i \quad (3-1)$$

$$risk\_weight_i = \alpha + \beta_1 house_i + \beta_2 jrsy_i + \beta_3 X_i + \varepsilon_i \quad (3-2)$$

$$risk\_weight_i = \begin{cases} risk\_weight_i^* & risk\_weight_i^* > 0 \\ 0 & risk\_weight_i^* \leqslant 0 \end{cases}$$

其中，i 表示受访家庭，α 为截距项。$risk\_weight_i$ 为被解释变量风险资产占比。$house_i$ 表示住房类型；$jrsy_i$ 表示金融素养，X_i 表示可能影响家庭风险资产占比的控制变量，包括家庭特征变量和地区变量。ε_i 为误差项，是模型不可观测的因素，服从标准正态分布。

（四）实证结果与分析

1. 风险资产占比的实证分析

在分析影响城市家庭金融投资行为的因素决定时，研究采用 Tobit 模型进行实证分析。该模型的回归结果如表 3-2 所示。

表 3-2 风险资产占比的实证分析

变量	(1)	(2)
住房类型		
商品房	0.096***	0.081***
	(0.018)	(0.018)
自建/扩建房	-0.080***	-0.037***
	(0.019)	(0.033)
住房贷款	0.109***	0.098***
	(0.030)	(0.030)
ln（家庭收入）	0.187***	0.169***
	(0.007)	(0.007)
地区		
中部	-0.062***	-0.056***
	(0.019)	(0.018)

续表

变量	(1)	(2)
西部	-0.024	-0.026
	(0.020)	(0.020)
金融素养		0.135***
		(0.009)
观测值	13050	13050
Pseudo R^2	0.066	0.078

注：*、**、*** 分别表示在10%、5%、1%的置信水平上显著，表中报告的是估计的边际效应，括号内数值为标准误。

模型（1）是住房类型和控制变量对城市家庭风险资产占比影响的回归结果。结果显示，商品房对城市家庭风险资产投资占比在1%的水平下影响显著，边际效应为0.096，表现出“财富效应”，假设1a成立，这说明相较于福利房，拥有商品房的城市家庭风险资产持有比重显著要高于9.6%。可能的解释是，一方面，商品房的价值要高于福利房，拥有商品房的家庭一般拥有较高的财富水平；另一方面，在购买商品房的过程中，家庭有更多机会参与金融活动，家庭可能通过住房贷款来分散购房的经济压力，促进将家庭资金用于金融投资。与商品房相反，自建/扩建类的住房对城市家庭风险资产投资占比具有显著的负向影响，边际效应为-0.08，表现出“挤出效应”，假设1b成立，即相较于福利房而言，拥有自建/扩建房的城市家庭持有风险资产比重显著降低了8%。这可能因为相对于福利房来说，城市家庭自建或者扩建住房需要花费大量的资金，且大部分家庭无法通过贷款方式去分担建房上的经济负担，家庭资产流动性的降低在很大程度上抑制了家庭风险资产投资比例。在控制变量方面，住房贷款、家庭收入对家庭风险资产占比有显著的正向影响，表明持有住房贷款以及拥有更多财富的家庭会更多地将资金用于投资风险资产，这些家庭拥有更好的投资能力；相较于东部地区，中部地区城市家庭的风险资产占比要显著更低，而西部地区与东部地区家庭的风险资产占比不存在显著差异。

模型（2）是在模型（1）基础上加入金融素养变量的回归结果。结果显示，加入金融素养变量后，住房类型以及其他控制变量的回归结果与之前的结论相同，但是各变量的边际效应均有所下降。商品房的边际效应在加入金融素养变量后降为0.081，自建/扩建房的边际效应也降低为-0.037，这表明金融素养在住房类型与城市家庭风险资产占比之间发挥着中介作用，验证了假设2a、假设2b。

在家庭层面变量方面，住房贷款的持有、收入的增加显著提高了家庭风险资产投资占比，符合“财富理论”，城市家庭会通过贷款购置房产，而将还贷之外的其他家庭资金运用于风险资产投资；在地区变量上，东部地区家庭比中部地区的家庭投资风险资产的比例相对更高。

2. 金融素养的中介效应检验

此前采用逐步回归的方法初步探索了住房类型是否通过金融素养来影响城市家庭金融投资行为，发现商品房、自建/扩建房均通过影响金融素养发挥中介效应来影响城市家庭金融投资行为。为进一步检验金融素养的中介效应是否存在，研究通过KHB检测法进行中介效应的二次检验并估计中介效应的贡献度。

表3-3的第（2）、（3）列分别为金融素养在商品房、自建/扩建房与城市家庭风险资产占比之间中介效应的检验结果。结果显示，金融素养无论是对商品房还是对自建/扩建房的影响，总效应、直接效应与中介效应均显著，表明金融素养在这两者之间发挥着中介作用。将中介效应分解后，发现商品房对金融素养的作用为正，金融素养对家庭风险资产占比的作用为正，即商品房与金融素养正相关，这是因为当家庭购买商品房时，家庭需要与金融机构“打交道”，家庭在与金融机构的互动过程中得到了金融素养的提升，进而促进家庭风险资产的持有；自建/扩建房对金融素养的作用为负，金融素养对家庭风险资产占比的作用为正，即自建/扩建房与金融素养负相关，这是因为选择自建/扩建房的家庭，一方面，宁愿将大量的家庭资金用于建房也不愿意将现有资金用于投资；另一方面，也没有途径去接触金融市场，可支配资产的减少使家庭没有机会更多地参与各种金融活动，金融知识与金融技能没有渠道去积累，这种规避

金融市场的保守态度不利于金融素养的提升，因而进一步抑制了家庭风险资产投资。因此，金融素养在住房类型与家庭风险资产占比之间发挥了部分中介作用，分别解释了商品房和自建/扩建房对家庭金融投资行为影响的 17.36%和 56.85%。

表 3-3 金融素养的中介效应检验

变量	住房类型	
	商品房	自建/扩建房
总效应	0.097***	-0.085***
直接效应	0.080***	-0.037*
中介效应	0.017***	-0.049***
置信区间下限	0.005	-0.062
置信区间上限	0.029	-0.035
贡献率	17.36%	56.85%

注：*、**、*** 分别表示在 10%、5%、1%的置信水平上显著，控制变量同表 3-2。

（五）内生性与稳健性检验

住房类型对家庭金融投资行为的影响可能存在内生性问题，会导致估计结果出现偏差。因此，研究采用工具变量法的二阶段估计来解决内生性问题，选取“水电费、交通费”作为住房类型的工具变量。该工具变量会对住房产生影响，同时也与家庭金融投资行为不存在直接的关系，因此选取它们作为工具变量是可行的。

从表 3-4 可以看出，内生性检验均拒绝了原假设，表明住房类型这一变量存在内生性；同时第一阶段估计 F 值均大于临界值 16.38，[①] 说明工具变量对于内生变量具有较强的解释力，表明使用的工具变量的有效性，不存在弱工具变量问题。与之前的回归结果相比，住房类型在工具变量二阶

① Stock, J. H. Motohiro Yogo. Asymptotic Properties of the Hahn-Hausman Test for Weak-instruments [J]. Economics Letters, 2005, 89 (3): 333-342.

段估计中更具有解释力，可信度较高，在控制了内生性问题之后，研究的实证结果依然较为稳健。

表 3-4 内生性检验

变量	*Iv-Tobit*	
	(1)	(2)
住房类型		
商品房	3.320***	3.296***
自建/扩建房	-1.078***	-1.070***
一阶段估计 F 值	319.90 / 206.44***	301.73/ 252.27***
Wald 检验	484.30***	533.57***
内生性检验	421.42***	363.99***

注：*、**、*** 分别表示在 10%、5%、1%的置信水平上显著，括号内为标准误，控制变量同表 3-2。

研究利用 2015 年中国家庭金融调查数据进行了稳健性检验。结果发现，住房类型对家庭风险金融资产投资具有显著影响。各个解释变量对家庭风险资产占比的影响程度均无明显变化，且在显著性水平上具有一致性，表明研究的结论在不同年份之间具有稳健性。①

五、住房类型与城市家庭金融投资行为的关系及其发展建议

基于 2017 年中国家庭金融调查数据，本章研究了住房类型与城市家庭金融投资行为之间的关系及其影响机制。研究发现，拥有商品房对城市家庭风险资产投资具有显著的促进作用，表现出“财富效应”；而拥有自建/扩建房对城市家庭风险资产投资具有显著的抑制作用，表现出“挤出效应”；金融素养能够在一定程度上解释住房类型对城市家庭金融投资行为的影响，住房类型通过金融素养的中介效应影响家庭风险资产的持有比重。在控制变量方面，研究发现住房贷款、家庭收入均对家庭金融投资行

① 由于篇幅限制，稳健性检验结果未予列示，不同年份的回归结果基本一致，如果有需要可向笔者索取。

为具有显著的正向影响，住房贷款的持有以及随着收入的增加，家庭越倾向于投资风险性金融资产。

本章节的研究结果丰富了已有的研究成果，从全新的角度来衡量住房这一变量，探究商品房与自建/扩建房对家庭金融投资的影响异同。同时，考虑到金融素养在住房类型与家庭金融投资行为之间存在中介效应，将模型优化，从而更好地理解城市居民家庭的金融投资选择。

目前中国居民家庭资产配置中，房产配置比例仍然占有很高的比例，尤其在北京、上海的千万资产家庭中，住房资产在新中产家庭资产中的占比接近50%。因此，稳定的房地产市场有助于居民家庭财富的保值增值，使住房的“财富效应”发挥主导作用。但是，在全球经济形势不确定性增加，风险性增强的大背景下，外部环境的变化推动着人们财富管理习惯的转变，投资者需求出现了新的趋势变化，对居民金融素养水平提出了新的更高的要求，以应对多元化的金融市场环境。金融素养的提高可以在一定程度上缩小不同财富水平居民家庭间的“金融鸿沟”。促进收入公平分配、加强金融知识教育、拓展普惠金融对缩小“金融鸿沟”以及促进中国金融市场的健康发展有着重要的作用。

第四章 心理账户和住房财富效应下的家庭金融资产配置

“挖机一响，黄金万两”。随着中国城市化进程的推进，城市建设用地需求不断增加，不少家庭都涉及政府征地和房屋拆迁的问题。而拆迁补偿成了不少家庭获得财产性收入的主要途径之一。按照国务院在 2001 年发布的《城市房屋拆迁管理条例》和 2011 年发布的《国有土地上房屋征收与补偿条例》，拆迁户将“以房地产市场评估价格确定补偿标准”。这意味着，拆迁补偿不仅会增加拆迁家庭的可支配收入，而且还可能刺激拆迁户深度参与金融市场。

然而，当人们都感叹于新闻报道上那些一夜暴富的拆迁户是如何“幸运”之时，却鲜有人关注到这些人在得到补偿之后的境况。Richard Thaler 在 1980 年首次提出心理账户的概念，认为人们在消费的过程中存在将金钱进行分门别类管理和预算的心理。① 后来研究者指出，消费者会根据金钱的不同来源，将其划分为不同的类别，如固定收入与意外收入。② 并且，这些不同来源的财富具有不可替代性。在心理账户的作用下，消费者会选择依据财富获得的难易程度来进行经济决策。有意思的是，这一心理账户系统常常表现出与传统经济学假定的“理性人”的决策方式相悖，被称为认知匹配效应，即人们辛苦工作得来的钱使用会比较谨慎，而意外获取的财富使用起来会比较随意。由此可见，拆迁补偿款是家庭非劳动的额

① Thaler R. Mental accounting and consumer choice [J]. Marketing Science, 1985, 4 (3): 199-214.

② Ran Kivetz. Advances in Research on Mental Accounting and Reason-Based Choice [J]. Marketing Letters, 1999, 10 (3): 249-266.

外收入，由于心理账户的影响效应，拆迁户很容易将其划入意外之财账户，进而触发其深度参与金融市场的动机。

事实上，并不是所有拆迁户都能够得到成百上千万元的巨款，也并不是所有拆迁户在受益之后都有能力合理地支配他们的财富。这些家庭的财产在一夜之间从固定形式转换为流动性极强的现金，抑或是原有住房被置换为一套甚至多套全新的安置房，其整体财富状况在质和量两个方面都产生了非常大的改变，这样的改变无疑会影响家庭金融资产的配置，增加家庭的金融风险。

现有研究讨论过心理账户的作用机制如何改变家庭期望中的可支配收入，从而改变家庭金融市场参与的决策逻辑。也考察了心理账户对投资决策行为的影响或拆迁补偿款在心理账户中的编码和赋值问题。[①] 但是，很少有研究系统地分析拆迁补偿、心理账户和金融市场参与之间的关系。吴卫星等（2006）指出，过度自信使一些本来不会参与市场的投资者进入市场，或者使市场参与者过多地进行交易、购买更多的风险资产等。[②] 也就是说，在获得补偿之后，拆迁家庭的金融市场参与程度可能会超出其既定金融素养和风险承受力的限制，使家庭面临过度的风险。因此，深入探讨房屋拆迁经历对拆迁家庭金融资产配置的影响机制，理解拆迁家庭的金融市场参与行为，对国内拆迁户群体的家庭资产配置进行科学指导具有重要的研究意义。

一、基于心理账户理论的研究和假设

心理账户指的是人们在心理上对结果的编码、分类和估价的过程，描述了人们在进行决策时的心理认知过程。心理账户是行为金融学发展到一定阶段的产物，它关注到了投资者在经济决策时的非理性行为，即消费者在决策时心中会无意识地将财富自动划分到不同的账户中，从而以非预测

① 袁微，黄蓉．房屋拆迁与家庭金融风险资产投资［J］．财经研究，2018（4）：143-153.

② 吴卫星，汪勇祥，梁衡义．过度自信、有限参与和资产价格泡沫［J］．经济研究，2006（4）：115-127.

的方式影响决策。心理账户理论自面世以来，在消费和投资决策的实证研究中得以迅速发展。

首先，在金融投资领域，学者指出个体更倾向于将固定收入用于储蓄，而将意外收入用于风险投资。这是因为固定收入是个体劳动所得，“来之不易”，属意料之中的收入；而意外收入是个体非劳动所得，属意料之外的收入。[①] 其次，在个体消费领域，心理账户的认知标签与情绪标签对消费决策也有显著影响。对于“意外之财”，情绪标签的不同会影响个体对于享乐消费和享乐规避的倾向。[②] 袁微和黄蓉（2018）也通过实证分析，指出房屋拆迁使得拆迁家庭和非拆迁家庭在金钱来源方式和金钱拥有量方面出现显著差异，拆迁家庭更倾向于将非珍贵资源意外收入用于消费。[③]

以上研究进一步表明，相较于人们相对稳定的非风险性收入（如工资），拆迁政策的颁布以及拆迁补偿的发放对于拆迁户来说往往是意外的，家庭对这两种不同收入来源的账户付出的努力与获取的难度也存在差异。因此，在心理账户的作用下，拆迁户往往对划归为固定收入账户中的工资性收入赋值更高，在支出时更为保守，而对于划归为意外收入账户中的房屋拆迁补偿款则持有更高的风险容忍度，从而增加了家庭参与金融市场的概率。综上所述，提出以下假设。

假设 1：拆迁经历（货币补偿）会显著增加家庭金融资产的投资比重。

假设 2：拆迁经历（货币补偿）会显著增加家庭金融资产的投资可能性。

---

① 李爱梅，凌文辁，方俐洛，等．中国人心理账户的内隐结构［J］．心理学报，2007（4）：706-714.

② 李爱梅，郝玫，李理，等．消费者决策分析的新视角：双通道心理账户理论［J］．心理科学进展，2012，20（11）：1709-1717.

③ 袁微，黄蓉．“此钱非彼钱”：拆迁冲击下的家庭消费——家庭财富和健康状况调节效应分析［J］．商业研究，2018（3）：67-75.

二、基于住房财富效应的影响研究及假设

从理论上来看，住房财富对家庭金融资产配置的影响取决于其带来的财富效应（房产增值促使家庭金融资产投资）和风险效应（房产持有降低资产流动性）的对比。但已有的研究表明，房产数量具有显著的财富效应，同时住房财富会显著增加家庭对金融市场的参与概率，也会增加家庭对风险资产的持有比例。[①] 考虑到拆迁户获得的房屋补偿通常较原有住房具备更好的条件（多为政府规划的新建住房），获得房屋补偿的拆迁家庭同样可能增加风险金融资产的投资。在目前关于拆迁经历对家庭资产配置的研究中并没有对补偿方式予以区分，其解释逻辑多以“拆迁户得到的是货币补偿”为研究预设，然而房屋补偿与货币补偿影响家庭金融资产配置的逻辑是不同的。因此，为了深入探究拆迁经历对于家庭金融资产配置的影响，研究将根据补偿方式把拆迁家庭中的获得房屋补偿的单独分为一类，深入探讨取得房屋补偿的家庭金融资产配置情况。基于此提出以下假设。

假设 3：拆迁经历（房屋补偿）会显著增加家庭风险金融资产的投资比重。

假设 4：拆迁经历（房屋补偿）会显著增加家庭投资风险金融资产的可能性。

三、金融知识对家庭金融资产配置的影响

目前，国内外已有较多文献从不同角度讨论了金融知识对于家庭金融资产配置的影响。一方面，较高的金融知识水平有助于居民对于金融市场

① 陈永伟，顾佳峰，史宇鹏．住房财富、信贷约束与城镇家庭教育开支——来自 CFPS2010 数据的证据［J］．经济研究，2014，49（S1）：89-101.

和产品的理解；另一方面，金融知识与风险偏好存在显著的正相关关系，从而影响居民的风险金融产品配置行为。Bernheim 和 Garrett（2003）发现，接受过金融教育的居民会储蓄更多。[①] Calvet 等（2009）通过对瑞典数据进行研究发现，教育水平低的家庭会有更多错误的投资。[②] 张号栋和尹志超（2016）指出，金融知识可以显著降低家庭金融排斥的概率，从而增加家庭金融需求。[③] 除此之外，还有许多研究表明，金融知识会显著影响家庭金融资产特别是风险金融资产的配置行为。根据以上回顾，可以假设，拆迁家庭户主的金融知识水平会影响其金融资产的配置行为。基于此提出以下假设。

假设 5：拆迁家庭户主的家庭金融知识水平越高，越有可能更多地参与风险金融资产投资。

四、基于 2017 年中国家庭金融调查的实证分析

（一）数据来源

中国家庭金融调查自 2009 年开展工作，每两年进行一次中国家庭金融调查，现已经在 2011 年、2013 年、2015 年和 2017 年成功实施四次全国范围内的家庭随机抽样调查。其 2017 年第四次调查样本覆盖全国 29 个省（自治区、直辖市），355 个县（区、县级市），1428 个村（居）委会，样本规模为 40011 户。在剔除一些由于核心变量数据缺失而无效的样本后，剩余 25554 户，其中 1046 户经历过拆迁且补偿方式为货币补偿，1137 户经历过拆迁且补偿方式为房屋补偿。

① Bernheim，B. D.，&Garrett，D. M. The effects of financial education in the workplace：Evidence from a survey of households [J]. Journal of Public Economics，2003，87（7-8）：1487-1519.

② Calvet，L. E.，Campbell，J. Y.，&Sodini，P. Fight or flight? Portfolio rebalancing by individual investors [J]. The Quarterly Journal of Economics，2009，124（1）：301-348.

③ 张号栋，尹志超. 金融知识和中国家庭的金融排斥——基于 CHFS 数据的实证研究 [J]. 金融研究，2016（7）：80-95.

（二）变量设计

1. 被解释变量

是否参与风险金融资产投资，以及家庭风险金融资产占总金融资产的比重。其中，家庭风险金融资产包括股票、基金、金融衍生品、非人民币资产等，而储蓄（包括家庭活期存款和定期存款）和家庭风险金融资产的加总将大致等于家庭持有的所有金融资产。

2. 解释变量

家庭拆迁经历。如果没有经历拆迁，赋值为 0，如果经历过拆迁，赋值为 1；家庭拆迁经历（分补偿类别），如果没有经历过拆迁，赋值为 0，如果经历过货币补偿的拆迁，赋值为 1，房屋补偿的拆迁则赋值为 2。

3. 控制变量

主要包括两类，即户主特征和家庭特征。家庭特征包括家庭总收入、总资产水平、拥有自有住房的数量和城乡虚拟变量。户主特征包括是否拥有社会保险、受教育年限、身体状况、风险偏好、对陌生人的信任度和金融知识等。其中，当户主拥有养老保险、失业保险和医疗保险之中任意一种保险时，“社会保险”赋值为 1，反之，赋值为 0；身体状况则采用李克特 5 点评分量表，具体为非常好 = 1、好 = 2、一般 = 3、不好 = 4、非常不好 = 5。受教育年限是参考了中国学制之后，从学历水平转换而来的，具体而言，遵循小学 6 年、初中 3 年、高中 3 年、中专 2 年、大专 3 年、本科 4 年、硕士 3 年、博士 3 年的计算方式；风险偏好则根据被访者对于“如果您有一笔资金用于投资，您最愿意选择哪种投资项目”的回答，将其风险偏好分为五个类别，具体为风险偏好高 = 1、风险偏好略高 = 2、一般 = 3、风险偏好略低 = 4、风险偏好最低 = 5（不愿承担任何风险），信任度则根据被访者对于“您对不认识的人信任度如何”的回答，将其信任程度分为五个类别，非常信任=1、比较信任=2、一般=3、比较不信任=4、非常不信任=5。

对于金融知识的测量，目前尚未有统一的测量方法。对于直接测定法，现有文献主要采取设置主客观问题的方法，将得分直接加总，或通过因子分析和主成分分析等方法来构建金融素养指标。直接加总法将各个问题的答案进行整理，正确为1，错误为0，能够保证金融素养总体次序不变。因此，参照罗文颖（2020）的做法，研究从CHFS问卷中挑选出11个能够反映受访者金融知识的问题，采用得分加总法，得出最终的金融知识指标。① 本章所采用的问题和得分处理情况如表4-1所示。

表4-1 问卷调查分析

问卷题号	题目内容	得分处理
h3101	受访者对经济金融信息关注度	将题设的五个选项按关注度程度赋分，1~5分关注度逐渐升高（并在最后计算得分时除以5）
h3103	受访者是否认为高收益伴随高风险	选项1正确，得分为1，若选择其他选项则得分为0
h3105	100元本金，年利率4%，本息计算	选项2正确，得分为1，若选择其他选项则得分为0
h3106	年利率5%，通胀率3%，100元存1年后价值	选项1正确，得分为1，若选择其他选项则得分为0
h3107	受访者彩票选择	选项2正确，得分为1，若选择其他选项则得分为0
h3110	对股票、债券、基金的整体了解程度	将题设的五个选项按关注度程度赋分，1~5分关注度逐渐升高（并在最后计算得分时除以5）
h3111	股票和基金风险判断	选项1正确，得分为1，若选择其他选项则得分为0
h3112	主板股票和创业板股票风险判断	选项2正确，得分为1，若选择其他选项则得分为0
h3113	偏股型基金和偏债型基金风险判断	选项1正确，得分为1，若选择其他选项则得分为0

① 罗文颖，梁建英．金融素养与家庭风险资产投资决策——基于CHFS 2017年数据的实证研究[J]．金融理论与实践，2020（11）：45-56.

续表

问卷题号	题目内容	得分处理
h3114	国债和公司债风险判断	选项2正确，得分为1，若选择其他选项则得分为0
h3115	受访者是否认为投资多种金融资产风险小于投资一种金融资产	选项1正确，得分为1，若选择其他选项则得分为0

（三）统计模型

本章构建了一个被解释变量——“家庭风险资产占比”。基于2017年家庭金融调查微观数据，通过采用Tobit模型，控制其他影响因素，实证研究家庭拆迁经历与家庭风险资产占比之间的关系。由于很多家庭未持有风险资产而导致因变量可能存在大量的0值，因此使用Tobit模型进行回归分析。Tobit模型是指因变量虽然在正值上大致连续分布，但包含一部分以正概率取值为0的观察值的一类模型。它也被称为截尾回归模型或删失回归模型，属于受限因变量回归的一种。针对以“家庭是否参与金融风险投资”为因变量的模型，使用Probit模型来进行模型拟合。由于Tobit和Probit模型皆为非线性模型，因此所有回归结果报告的都是边际效应。

（四）实证分析

1. 描述性统计分析

如表4-2所示，“风险金融资产占比”的均值为0.0754，“是否进行风险投资”的均值为0.154，这说明居民风险金融产品的投资水平较低；而“金融知识”的均值仅为1.953（满分为10.5），表明就整体上而言，受访者的金融知识水平并不高。总而言之，受访者对于金融市场的参与水平和了解程度皆处在较低的水平。

表 4-2 总样本描述性统计

变量	N	均值	标准差	最小值	最大值
拆迁经历	26335	0.133	0.339	0	1
拆迁经历（货币补偿）	26335	0.0284	0.166	0	1
拆迁经历（房屋补偿）	26335	0.0261	0.160	0	1
风险金融资产占比	26335	0.0754	0.214	0	1
是否进行风险投资	26335	0.154	0.361	0	1
信任度	26335	3.961	0.934	1	5
风险偏好	26335	4.251	1.389	1	5
教育年限	26335	3.430	1.684	1	9
身体状况	26335	2.613	1.016	1	5
城乡变量	26335	0.318	0.466	0	1
住房数量	26335	1.221	0.538	0	27
社会保险	26335	0.976	0.152	0	1
ln（年总收入）	26335	10.62	1.526	-2.288	15.42
ln（家庭资产）	26335	12.57	1.983	0	17.22
金融知识	26335	1.953	1.309	0	10.40

总样本中未经历过拆迁的家庭数量为 24152 户，经历过拆迁的家庭数量为 2183 户，其中 1046 户获得货币补偿，1137 户获得房屋补偿，问卷中另有拆迁家庭的补偿类别为二者皆有，因研究目的所限，且该类样本数量较小，本章将不会考虑这一类样本（见表 4-3）。

表 4-3 拆迁经历

拆迁情况	频数（户）	百分比（%）
未经历拆迁	24152	91.71
经历过拆迁（货币补偿）	1046	3.97
经历过拆迁（房屋补偿）	1137	4.32
总计	26335	100

2. 区分拆迁情况的描述性统计分析

如表 4-4 所示，在区分拆迁补偿类别之后，可以看出不同拆迁群体之间在金融市场参与上存在一些差异。就“风险资产占比”而言，无拆迁经历的家庭均值为 0.075，而经历过货币补偿的拆迁家庭均值则为 0.094，经历过房屋补偿的拆迁家庭为 0.102，也就是说，在总样本中，相对于未经历过拆迁的家庭而言，经历过拆迁的家庭投资了更多风险金融资产；而在拆迁群体的样本中，相对于获得货币补偿的家庭，获得房屋补偿的家庭更倾向于保持较高的风险金融资产投资水平。

表 4-4 区分拆迁补偿类别

变量	无拆迁经历		有拆迁经历（货币补偿）				有拆迁经历（房屋补偿）			
	均值	标准差	均值	标准差	最小值	最大值	均值	标准差	最小值	最大值
资产占比	0. 075	0. 214	0. 094	0. 238	0	1	0. 102	0. 246	0	1
风险投资	0. 157	0. 364	0. 193	0. 395	0	1	0. 192	0. 394	0	1
信任度	3. 950	0. 931	3. 966	0. 948	1	5	4. 002	0. 897	1	5
风险偏好	4. 225	1. 407	4. 357	1. 269	1	5	4. 409	1. 192	1	5
教育年限	3. 499	1. 747	3. 486	1. 534	1	9	3. 411	1. 459	1	8
身体状况	2. 592	1. 017	2. 592	0. 982	1	5	2. 541	0. 974	1	5
城乡变量	0. 323	0. 468	0. 153	0. 360	0	1	0. 042	0. 201	0	1
住房数量	1. 203	0. 492	1. 213	0. 483	0	4	1. 360	0. 747	1	8
社会保险	0. 973	0. 163	0. 986	0. 119	0	1	0. 990	0. 097	0	1
ln（收入）	10. 60	1. 560	10. 98	1. 363	0	14. 86	10. 92	1. 294	0. 56	15. 4
ln（资产）	12. 50	1. 984	13. 29	1. 905	4. 2	17. 22	13. 28	1. 980	4. 04	17. 2
金融知识	2. 154	1. 375	2. 101	1. 230	0	8. 200	2. 196	1. 297	0	9. 20

另外值得关注的地方是，有拆迁经历的家庭的“城乡变量”均值更小，而在拆迁群体内部，房屋补偿家庭相对于货币补偿家庭的均值更小，由于该变量赋值为“农村 = 1，城市 = 0”，这意味着有拆迁经历的家庭相对于无拆迁经历的家庭更有可能具备城市户口，而获得房屋补偿的家庭则相对于获得货币补偿的家庭更有可能具备城市户口，这可能与中国城

市化进程和政府拆迁规划具有一定的关联性。

在心理账户的作用下，人会将自己的财富分成不同的心理账户，对于“意外之财”，人更倾向于将其置于一个特殊的心理账户，在这个账户中的财富更容易被花费掉，而金融风险投资则是运用这类财富的重要渠道。但是，对于拆迁户而言，我们必须先定义何为“意外之财”。以货币补偿的拆迁为例，如若拆迁后的货币补偿甚至不能在当地重新购置一套与之前条件相近的房子，那么经历拆迁的家庭不仅没有得到“意外之财”，甚至会在财富总量上遭到损失。因此，要研究货币补偿的拆迁经历对于家庭风险投资的影响，必须明确拆迁补偿能否达到一定额度，构成所谓的“意外之财”。

如表4-5所示，拆迁补偿的分布极其不均衡，以货币补偿为例，其均值约为30万元，却近似于75%的分位数，也就是说，绝大多数家庭获得的拆迁款“被平均”了，远远无法构成“意外之财”。因此，为了从心理账户视角检验货币补偿的拆迁经历对家庭风险投资的真实影响，本章将回归条件设置为“拆迁款大于中位数”，即10万元，以尽可能排除因数额过少而无法构成“意外之财”的家庭样本。同理，为了控制条件，对于获得房屋补偿的家庭，研究也将“房屋折合市值”小于10万元的样本剔除。

表4-5 拆迁补偿

单位：元

变量	均值	P25	P50	P75	标准差	最小值	最大值
拆迁款	295441.7	27000	100000	312000	622525.4	0	15000000
房屋市值	411935.3	45000	140000	350000	1473056	0	50000000

五、拆迁经历与家庭金融风险资产投资参与

根据前文对拆迁经历类型、风险金融资产投资参与的定义，首先检验家庭拆迁经历是否显著影响了其参与风险金融资产投资的可能性。表4-6是Probit模型和Tobit模型的估计结果。其中，第（1）列和第（3）列分

别为区分补偿情况下和不区分补偿情况下的 Probit 模型，分别估计了不同的拆迁经历以及其他因素对于家庭参与风险投资的可能性的影响。

表 4-6　拆迁经历对家庭风险金融投资的影响

变量	区分补偿情况		不区分补偿情况	
	(1)	(2)	(3)	(4)
	风险投资与否 Probit	风险资产占比 Tobit	风险投资与否 Probit	风险资产占比 Tobit
经历货币补偿拆迁（补偿>10 万）	0.0413***	0.133***		
	(0.0210)	(0.0545)		
经历房屋补偿拆迁（补偿>10 万）	0.0245*	0.0841***		
	(0.0153)	(0.0420)		
是否经历拆迁			0.0223***	0.0749***
			(0.00885)	(0.0258)
金融知识	0.0169***	0.0392***	0.0169***	0.0405***
	(0.00270)	(0.00772)	(0.00259)	(0.00741)
信任度	-0.0248***	-0.0646***	-0.0239***	-0.0609***
	(0.00384)	(0.0113)	(0.00368)	(0.0109)
风险偏好	-0.0432***	-0.126***	-0.0425***	-0.124***
	(0.00249)	(0.00775)	(0.00240)	(0.00747)
教育年限	0.0314***	0.0936***	0.0321***	0.0952***
	(0.00194)	(0.00597)	(0.00189)	(0.00581)
身体状况	-0.00240	0.00482	-0.00367	0.00110
	(0.00383)	(0.0112)	(0.00367)	(0.0108)
城乡变量	-0.131***	-0.437***	-0.131***	-0.435***
	(0.0131)	(0.0407)	(0.0127)	(0.0394)
住房数量	0.00503	0.00363	0.000482	-0.00606
	(0.00649)	(0.0177)	(0.00609)	(0.0167)
社会保险	0.0623***	0.199***	0.0519***	0.155***
	(0.0212)	(0.0636)	(0.0204)	(0.0606)
收入	0.0449***	0.127***	0.0450***	0.128***
	(0.00346)	(0.0102)	(0.00334)	(0.00987)

续表

变量	区分补偿情况		不区分补偿情况	
	(1)	(2)	(3)	(4)
	风险投资与否 Probit	风险资产占比 Tobit	风险投资与否 Probit	风险资产占比 Tobit
总资产	1.04e-08 ***	2.29e-08 ***	1.08e-08 ***	2.37e-08 ***
	(1.23e-09)	(3.17e-09)	(1.20e-09)	(3.08e-09)
样本量	10350	9850	11013	10484

对于不区分补偿情况下的模型，在控制所有家庭特征变量和户主特征变量之后，拆迁经历对家庭的风险金融资产投资具有显著的正向效应，拆迁经历的边际效应为0.022，并在5%水平上显著。这表明具有拆迁经历的家庭，其参与风险金融资产投资的可能性会上升2.23%。

对于区分补偿情况下的模型，经历房屋补偿拆迁的边际效应为0.025，在10%水平上显著。这表明经历房屋补偿拆迁的家庭参与风险金融市场的可能性比其他家庭高出2.45%，假设4得到验证；而经历货币补偿拆迁且拆迁款大于10万元的家庭参与风险金融市场的可能性比其他家庭高出4.13%，假设2得到验证。

此外，研究中加入了户主特征和家庭特征以控制影响家庭风险金融资产投资参与的人力资本、家庭条件等因素。以第（3）列为例，估计结果显示，家庭资产和家庭收入与家庭参与风险投资的可能性呈现正向关系；具有社会保险的家庭其参与风险金融产品投资的可能性更高；相对于城市家庭，农村家庭的参与概率更低，这可能与城乡家庭的收入、资产、教育水平和知识水平等因素的差别有关；教育年限、户主风险偏好程度、对陌生人的信任度等变量同样会显著影响家庭参与风险金融投资的可能性；最后，金融知识的边际效应在1%水平上显著，这说明当金融知识评分每上升一个单位，家庭参与风险金融资产的可能性会提高1.67%。

六、拆迁经历与家庭金融风险资产投资占比的关系

表4-6的第（2）列和第（4）列是以“风险金融资产占比”为因变量的Tobit模型，分别为区分补偿类别和不区分补偿类别下的回归结果。对于不区分补偿类别的模型，在控制所有家庭特征变量和户主特征变量之后，拆迁经历的边际效应在1%水平下显著，表明拆迁经历不仅可以推动家庭参与风险金融投资，还会使增加家庭风险资产上的投资比重。同样，教育水平越高的居民在风险资产上的投资也会越多，金融知识水平的提高也可以增加家庭的风险投资占比，其余控制变量的结果与前文基本一致。

对于区分补偿类别的模型，在控制其他变量的情况下，以房屋为补偿的拆迁经历边际效应在5%水平上显著，这说明以房屋为补偿的拆迁经历可以显著提高家庭的风险金融投资水平，假设3得到验证，而经历货币补偿拆迁的边际效应说明该类家庭的风险金融资产占比相对于其他家庭高出13.3%，假设1得到验证。

七、研究结果的稳健性检验结果

为了避免因控制变量选取问题而导致研究结果出现偏误，研究在原模型中加入互联网使用、年龄的平方、性别、地区4个控制变量进行了稳健性检验。对于互联网使用，是=1、否=0；对于地区，1=东部地区、2=中部地区、3=西部地区；对于性别，男性=1、女性=0。增加了控制变量后，研究结果和前文报告并无较大差异。具体见表4-7。

表 4-7 增加控制变量的模型稳健性检验

变量	区分补偿情况		不区分补偿情况	
	(1)	(2)	(3)	(4)
	风险投资与否 Probit	风险资产占比 Tobit	风险投资与否 Probit	风险资产占比 Tobit
经历货币补偿拆迁（补偿>10 万元）	0.0375*	0.119**		
	(0.0204)	(0.0541)		
经历房屋补偿拆迁（补偿>10 万元）	0.0231*	0.0736*		
	(0.0151)	(0.0422)		
是否经历拆迁			0.0225**	0.0703***
			(0.00883)	(0.0259)
金融知识	0.0120***	0.0285***	0.0116***	0.0288***
	(0.00270)	(0.00775)	(0.00258)	(0.00745)
信任度	-0.0192***	-0.0496***	-0.0184***	-0.0458***
	(0.00385)	(0.0114)	(0.00369)	(0.0109)
风险偏好	-0.0365***	-0.110***	-0.0355***	-0.107***
	(0.00256)	(0.00789)	(0.00247)	(0.00760)
教育年限	0.0251***	0.0795***	0.0254***	0.0801***
	(0.00200)	(0.00606)	(0.00194)	(0.00589)
身体状况	0.00245	0.0148	0.00177	0.0126
	(0.00394)	(0.0116)	(0.00377)	(0.0111)
城乡变量	-0.107***	-0.363***	-0.107***	-0.360***
	(0.0134)	(0.0419)	(0.0130)	(0.0405)
住房数量	0.00521	0.00674	0.00110	-0.00246
	(0.00636)	(0.0176)	(0.00598)	(0.0166)
社会保险	0.0584***	0.175***	0.0483**	0.131**
	(0.0209)	(0.0633)	(0.0200)	(0.0603)
收入	0.0383***	0.110***	0.0386***	0.111***
	(0.00338)	(0.0101)	(0.00328)	(0.00975)
总资产	8.15e-09***	1.73e-08***	8.47e-09***	1.81e-08***
	(1.24e-09)	(3.23e-09)	(1.21e-09)	(3.14e-09)
年龄平方	5.75e-06**	3.19e-05***	5.65e-06**	3.21e-05***
	(2.39e-06)	(7.00e-06)	(2.30e-06)	(6.75e-06)

续表

变量	区分补偿情况		不区分补偿情况	
	(1)	(2)	(3)	(4)
	风险投资与否 Probit	风险资产占比 Tobit	风险投资与否 Probit	风险资产占比 Tobit
性别	-0.0189**	-0.0495**	-0.0197***	-0.0563***
	(0.00762)	(0.0222)	(0.00734)	(0.0214)
中部地区	-0.0319***	-0.0999***	-0.0305***	-0.0943***
	(0.00905)	(0.0273)	(0.00875)	(0.0264)
西部地区	-0.0433***	-0.131***	-0.0408***	-0.118***
	(0.00869)	(0.0268)	(0.00835)	(0.0257)
互联网使用	-0.142***	-0.436***	-0.146***	-0.450***
	(0.00926)	(0.0294)	(0.00881)	(0.0281)
样本量	10146	9656	10984	10461

注：*、**、*** 分别表示在10%、5%、1%的置信水平上显著，表中报告的是边际效应，括号内为标准误。

八、基于研究结论的反思

房屋拆迁不仅关系着个人和家庭的命运，还关系到整个社会的稳定发展。对个体而言，若不能正确地运用拆迁补偿，则可能给家庭带来巨大的冲击；对社会而言，若不能妥善安置拆迁家庭，便可能引发社会冲突的增加，给社会带来负面影响。因此，房屋拆迁对家庭金融风险资产投资的影响具有深刻的研究意义。

本章基于心理账户理论和住房财富效应理论，利用2017年CHFS数据分析发现，房屋补偿和高额拆迁款补偿的拆迁显著增强了家庭投资金融风险资产的可能性，并且提高了家庭金融风险资产的投资占比。其内在逻辑在于，房屋的拆迁款越多的家庭，家庭可支配收入也就越多，而在心理账户的支配下，高额拆迁款因其构成“意外之财”，导致其心理赋值的降低，从而会激励家庭进行更多的金融投资；而对于那些由房屋进行补偿的拆迁家庭来说，住房可以作为抵押品获得额外的收益，因此拥有住房越多的家庭越有可能去投资风险资产；同时，以往文献也指出，本身拥有住房且财富水平较高的家庭，住房也提高了家庭抵御风险的能力，投资风险资产的比例反而会增高。① 由此看见，拆迁户对于划归为“意外收入”账户中的房屋拆迁补偿款持有更高的风险容忍度。因此在心理账户的作用下，逐利动机会促进拆迁户增加风险金融市场的参与并提高风险资产的占用比重。

基于以上研究结论，提出以下几点建议。

首先，政府部门应该对拆迁户普及金融知识出台相应的政策，提高该群体的金融知识和金融能力，鼓励其遵循组合投资策略，优化家庭金融资产配置，减少并努力避免该群体在家庭经济决策时受到心理账户作用的影响，作出非理性行为。

其次，社区要针对拆迁户群体予以特别关注。举办一系列活动，普及相关的金融投资案例，形成良好的学习氛围，引导他们主导规避心理账户对家庭金融市场参与的过度误导。

最后，金融机构可以针对该群体的投资需求，设计不同层次的金融产品，同时还应该开展各种形式的金融教育，提升拆迁户群体的整体金融素养，合理决策家庭资产，防范家庭金融风险。

① 吴卫星，易尽然，郑建明．中国居民家庭投资结构：基于生命周期，财富和住房的实证分析[J]．经济研究，2010 (1)：72-82.

第五章　居民家庭金融健康的年龄—时期—队列效应

家庭金融行为是经济循环和金融系统运行的重要一环，鼓励家庭金融投资、保障家庭金融健康是持续释放内需潜力、保障经济金融健康发展的重要力量。但是，近年来随着中国家庭越来越凸显的小型化和老龄化特征，更多个人和家庭都需要依靠自身承担起管理家庭金融事务、合理运用金融工具来实现发展目标的责任。以往通过家庭形成经济资源上的互助关系正逐渐被市场关系所取代，从而对居民和家庭金融健康意识和金融能力建设提出了更高的要求。以此作为推进普惠金融更高质量发展的关键指标，即从过去关注“有没有”上升到“好不好”，直至未来的“强不强”。

2015 年，美国金融服务创新中心（Center for Financial Services Innovation，后更名为 Financial Health Network）首先提出了金融健康的概念。中国普惠金融研究院（Chinese Academy of Financial Inclusion，CAFI）发布的《包容、健康、负责任——中国普惠金融发展报告（2019）》首次在国内阐释了金融健康的内涵。具体而言，金融健康是指个人、家庭、企业的金融状态，即在多大程度上能够顺畅地管理日常收支、稳健地应对财务冲击、周全地为未来发展投资，并有一定的金融能力，可以促进其摆脱金融脆弱性和提高金融韧性，更好地应对冲击，抵御风险。

2017 年习近平总书记在全国金融工作会议上的讲话中提出，防止发生系统性金融风险是金融工作的根本主题。根据最近几年调查显示，中国金融消费者的金融健康暴露出了诸多不足，不良金融行为日渐增多。2012—2021 年，中国居民每年还本付息的规模从 5 万亿元攀升至 14 万亿元，居民的偿债比率从24.5%上升至28.2%，2021年，中国居民债务收入比达124.4%。过高的负债使得居民的银行储蓄、持有现金等流动性资产受到约束性影响，同时也对消费形成了挤出效应，加大了系统性金融风险和经济下滑发生的可能性。近年来，政府制定了一系列的相关政策并采取相应措施来帮助民众提升应对经济危机的能力。2016年，国务院印发了《推进普惠金融发展规划（2016—2020年）》，通过提高金融服务覆盖率和金融服务可得性，大幅改善了对城镇低收入人群、困难人群以及农村贫困人口、创业农民、创业大中专学生、残疾劳动者等初始创业者的金融支持。新型农村合作医疗与城镇居民医疗保险制度对推广与整合，也为我国居民家庭合理降低“预防性储蓄”，安全配置家庭资产提供了保障。不仅促进了家庭更可能的参与到正规金融市场中，也避免了弱势群体在危困时期通过削减必要开支度日或采取不恰当的金融自救手段，从而实现个体或家庭金融健康。家庭是金融系统中最庞大的微观群体。金融健康作为普惠金融发展的高级形态，关注在已有金融服务的基础上进一步提升主体金融韧性及其抵御风险的能力。因此，适时开展系统实证研究，为提升家庭金融健康水平提供可靠论证基础，具有重要的现实意义。

总体而言，中国家庭金融健康研究较为缺乏，未能全面呈现当前中国家庭金融健康的差异性和复杂性。新时期值得我们追问，随着社会转型时期经济增速放缓和人口年龄结构的变化，中国居民家庭金融健康现阶段处于怎样的水平？近年来呈现怎样的变化趋势？这种变化又是受到何种因素的影响？探索金融健康随时间的变动趋势，不仅能够更好地理解家庭生命周期的转变，也可以更清晰地认知金融健康状态在不同年龄结构、队列群体中的异质性特征。

从理论上讲，当代居民家庭金融健康的变动既可能来自生命周期的变化，也可能受剧烈的社会变革的影响。基于此，本章将金融健康的动态变化置于年龄—时期—队列分析框架中，具体探讨以下三个问题：第一，金融健康随年龄增长呈现怎样的变迁趋势；第二，社会转型时期普惠金融政策的推进如何影响居民家庭金融健康水平；第三，自1930年以来，中国经历的重大关键历史事件和社会变迁对不同队列群体的金融健康构建留下了怎样的印记。本章将基于这三种变迁趋势提出相应的理论假设，使用中国家庭金融调查 2013 年、2015 年、2017 年和 2019 年四期横截面的数据进行实证检验。以上三个问题，可以从时间的维度研究居民家庭金融健康的变化趋势，并了解不同人群的金融健康能力发展以及重大历史事件在其个人成长过程中所起到的作用，对于构建家庭生命周期视角下金融健康理论具有重要研究价值。

一、金融健康概念的缘起与内涵

金融健康的概念框架由四个维度相关的八个测量指标构成，支出方面为收入大于支出、按时支付，储蓄方面为有充足的流动资金和长期储蓄，借贷方面为有可管理的债务及优质的信用评分，规划方面为有适当的保险、对于财务的提前计划。这些指标将主体多方面的表现整合起来形成一个连贯的整体，即金融健康。① 从对于冲击的抵御到目标实现，金融健康从整体性考察人们的金融生活，是测量主体财务能力的最佳指标。尽管不同研究者或机构对于金融健康的定义并不统一，对于性别、种族或其他人口与社会经济特征群体金融健康状况的讨论，和金融健康作为一种使用型工具在客户金融咨询、企业金融能力评估、政府部门金融状况衡量等多个方面的应用，都将这一概念的内涵从个人扩展到企业甚至更多组织与群体，从实用工具逐步提升为一种发展理念。②

2020 年，CAFI 提出金融健康是与家庭福利状况或企业可持续发展相关的概念。而衡量家庭或企业使用金融服务的结果，需要同时考量家庭或企业是如何满足其日常和长期需求的，并考察其应对金融冲击的能力。2021 年，CAFI 发布《中国女性金融健康正在加速发展》报告，讨论女性金融健康现状及金融能力建设需求问题。研究发现，女性在日常收支管理及财务韧性方面的表现优于男性，而男性在投资未来和金融能力方面略优

① Parker S., Castillo N., Garon T., et al. Eight ways to measure financial health [R]. Center for Financial Services Innovation, 2016.

② 莫秀根．金融健康概念的现实意义 [J]．中国金融，2022 (11)：86-88.

于女性。但无论是男性还是女性的综合分值都显示，受访者的金融健康总体处于亚健康状态。

在金融健康概念提出之前，以往有些研究虽未明确指出，但研究的内容却也涉及了金融健康的多个维度。（1）从收支方面来看，研究者指出，中国城乡居民的收入与消费之间存在着动态均衡的关系，城镇居民收入对于消费的长期影响较大，而农村居民增收无论是长期或短期都对消费水平有显著的影响。① 同时，中国居民家庭资产配置存在着消费比例过低、金融资产配置不合理的问题。②（2）从负债上来说，耐用品消费显著增加了家庭负债，而医疗及教育支出水平高的家庭有着更强的储蓄动机，不倾向于通过负债平滑消费。③（3）家庭的安全基石需要稳定的现金流。目前数据显示，中国居民家庭储蓄中有近一半为预防性储蓄，即居民为预防未来不确定性对消费的冲击而进行的额外储蓄。④ 而收入的不确定性、流动性约束、社会保障及高等教育改革等多种因素都对家庭消费和储蓄行为有很大的影响。⑤⑥（4）家庭金融投资行为会促进商业保险的购买意愿，从而降低家庭预防性储蓄的需求。⑦ 参加医疗保险及养老保险会降低居民储蓄率。近年来中国不断推动居民家庭参加医疗保险及养老保险的比例。覆盖全民的基本医疗保障网和基本养老保险覆盖面的不断扩大，为增强家庭风险管理能力，重点突出免疫效能提供了有效保障。同时也提高了家庭未来规划和发展能力，确保了居民家庭金融福祉的最大化及可持续性。这些因素互相交织，相互影响，共同促进了中国家庭金融健康水平的不断发展。

---

① 马敏娜，郭丽环．中国城乡居民收入与消费的长期均衡及短期波动的实证分析［J］．统计与决策，2011（3）：125-127.

② 魏先华，等．社会保障的改善对中国居民家庭消费——投资选择的影响研究［J］．数学的实践与认识，2013，43（2）：29-39.

③ 祝伟，夏瑜擎．中国居民家庭消费性负债行为研究［J］．财经研究，2018，44（10）：67-81.

④ Leland H. E.，Saving and Uncertainty：The Precautionary Demand for Saving［J］．Quarterly Journal of Economics，1968，82（3）：465-473.

⑤ 杨汝岱，陈斌开．高等教育改革、预防性储蓄与居民消费行为［J］．经济研究，2009，44（8）：113-124.

⑥ 甘犁，等．收入不平等、流动性约束与中国家庭储蓄率［J］．经济研究，2018，53（12）：34-50.

⑦ 鲁钊阳，杨莹．家庭金融投资行为对城乡居民消费支出影响的实证研究［J］．农村金融研究，2022（10）：41-51.

二、金融健康的实证研究

鉴于金融健康是近年来提出的新概念，现有的实证研究还在起步阶段，因此有限的研究更多的集中于探讨不同群体金融健康的现状及其影响因素。如张珩（2020）以生产性农户为例，从供给和需求主体两个方面剖析了信贷业务中消费者金融健康存在的问题以及面临的制度性困境。[①] 刘佩和孙立娟（2021）的研究指出，户主的金融素养对于家庭金融健康具有显著正向影响，且只在女性户主家庭中显著，即这种正向影响会因户主性别而产生差异。[②] 而对于青年家庭来说，年龄、性别、婚姻状况等部分户主个人特征以及家庭规模、金融产品投资等部分家庭特征都对家庭金融健康有显著的影响。中国青年家庭金融健康指数均值与全年龄段基本持平，日常收支与资产负债维度上表现良好，但在流动资金、意外保障和养老保障管理方面有所不足。[③]

三、生命历程视角下的理论分析框架

生命历程理论要求将社会历史和社会结构联系起来阐述个人生活。[④] 它从生命时间、社会时间和历史时间三个角度重新构建了“年龄”的概念，使其跨越了个体层面。具体来说，生命时间指实际年龄，也即个体所处生命周期阶段。社会时间指扮演特定角色的恰当时间，反映了社会文化因素对个体发展的影响。历史时间指出生年份，这一概念强调将个体置于

① 张珩．普惠金融人群金融健康的制度性困境与对策建议——以生产性农户为例的研究［J］．农村金融研究，2020（12）：46-51．

② 刘佩，孙立娟．金融素养与家庭金融健康研究——基于 2017 年中国家庭金融调查的研究［J］．调研世界，2021（10）：16-25．

③ 方舒，陈艺伟．青年家庭金融健康水平及其影响因素研究——基于 CHFS 2017 中国家庭金融调查［J］．中国青年社会科学，2022，41（5）：106-115．

④ 李强，等．社会变迁与个人发展：生命历程研究的范式与方法［J］．社会学研究，1999（6）：1-18．

历史情境中，关注特定历史事件及社会环境对于个体的影响。三种时间维度实际上将个体、社会和历史三个层面以年龄概念为核心整合到一起，构建出生命历程理论的分析框架。①

（一）金融健康的年龄效应

通常认为，年龄效应揭示了个体生命周期特征。由于人们的财富观念和金融行为与他们生命过程中特定年龄或阶段经验和角色转换息息相关，因此会受到年龄变化的影响。探索年龄效应，能够更好地理解家庭生命周期的转变，也让我们更清晰地认识金融健康状态在不同年龄结构下的异质性特征。

当下中国经济发展过程中，大量的年轻人被吸引到经济发达的地区，面临着持续攀升的生活压力，收支失衡的现象较为突出。青年户主家庭处于资产积累的初期阶段，拥有财富相对较少且对房产有强烈的需求，②家庭负债在总资产中所占比重往往较大。同时，财务规划远非日常行为；而随着年龄增长，居民家庭的财务规划能力会呈现先增后减的倒“U”形变化趋势。金融素养的提高能够促进家庭减少过度负债，合理利用信贷市场平滑一生的消费，从而对家庭金融福祉产生积极影响。③ 在预期寿命延长的背景下，老年人健康状况的改善和生命周期的延长也意味着原有生命周期理论假设中的年龄结构被改变。尤其是刚刚退休的“初老”群体，拥有更低的时间成本和更加充足的财富积累，从而对金融资产配置也表现出更加积极的态度，使家庭金融健康水平能够达到一定的高度。当然，随着年龄的逐渐增长，老年户主规避风险的偏好逐渐显现，相比对基金、股票等金融资产的配置，家庭储蓄的比重逐渐增加。由此，我们提出家庭金融

① 包蕾萍．生命历程理论的时间观探析［J］．社会学研究，2005（4）：120-133+244-245.

② 朱涛，等．中国中青年家庭资产选择：基于人力资本、房产和财富的实证研究［J］．经济问题探索，2012（12）：170-177.

③ 吴卫星，等．金融素养与家庭负债——基于中国居民家庭微观调查数据的分析［J］．经济研究，2018，53（01）：97-109.

健康的年龄效应假设。[①]

假设1：随着户主年龄增长，家庭金融健康水平不断增长，并可能在“初老”阶段达到峰值。

（二）金融健康的时期效应

时期效应关注在某一历史时期或某一数据调查时点社会变迁造成的普遍影响，是时代背景变化对全年龄段人口的共同效应结果。研究时期效应，可以让我们更好地探求在经济改革和现代化发展等背景之下居民家庭金融健康水平的变化趋势，从而更好地理解经济增长、时代变迁和居民家庭金融福祉的关系。

近十年来，在政府宏观调控与长期有效经济政策实行的共同作用下，中国的经济水平显著提升，人均收入大幅增长。以本章关注的2013年至2019年为例，中国GDP总量从56万亿元达到了近百万亿元，居民人均可支配收入突破了3万元。社会保障制度的覆盖范围不断扩大，保障水平持续提高。根据中国人力资源和社会保障部数据，2013年至2019年，中国社会基本养老保险基金收入保持稳定增长趋势。和2013年相比，2019年全国社会基本养老保险金收入为55005亿元，全国参加城镇职工基本养老保险人数是6年前的1.35倍，失业保险参保人员和医疗保险参保人员分别是8年前的1.25倍和2.37倍[②]。在这一增长趋势之下，中国居民的家庭金融健康水平也应朝着积极的方向不断发展。经济进步作为外部社会环境变化对中国居民家庭的收入消费、资产负债与社会保障参与有着直接的影响，继而影响到家庭金融健康水平的提升。由此，笔者提出家庭金融健康的时期效应假设。

假设2：家庭金融健康水平随时期变化而逐渐上升。

---

① 王聪，等．年龄结构对家庭资产配置的影响及其区域差异［J］．国际金融研究，2017（2）：76-86.

② 该数据通过国家统计局公开数据和《2013年度人力资源和社会保障事业发展统计公报》整理计算。

（三）金融健康的队列效应

依据社会化理论以及生命历程理论，特定的历史事件或社会环境会对同一队列人群产生特定影响，强调了个体早期成长环境和社会因素的共同作用。一个队列可以被视为一个结构性类别，同一队列从出生到死亡的独特环境和条件实际上提供了结构性变迁以及社会变化的记录。同样地，同一队列人群共同的生活条件、资源对其经历可能有着独特的塑造作用。[①] 通过研究队列效应，我们可以间接地了解历史事件如何影响了人们在家庭金融上的行为。

经常被用来解释队列效应的理论之一是累积优势/劣势理论。它强调人们年轻的时候所特有的某种特征（如金钱、健康或地位）个体间差异会随着时间的推移，呈现系统性趋势。[②] 生命历程学者将累积优势/劣势视为一个分层过程，在这个过程中，不同队列的人们早年经历的优势/劣势会累积起来，从而导致有利/不利的结果。20 世纪 70 年代末以来，中国社会经济结构调整使得经历了这场变革的队列人群成为受益者。如前所述，这就导致了一种预期，即在整个生命过程中，居民的金融健康状况是由累积优势构成的，即在财富禀赋、教育水平与金融素养等因素上表现更好的个人在生命过程的后期受益更多，因此可能存在代际差异。[③] 出生于 1960 年之前的人，大部分未受过正规高等教育，不但经历了战争和三年自然灾害，也面临过中国最严重的经济困难，因此储蓄动机最为显著。这些人大部分一生都在积累财富，消费欲望很小。出生于 1960 年至 1990 年的队列人群，童年和青少年时期大部分都接受过良好的教育，巨大的社会变革使新事物的快速来临与颠覆已成为他们成长过程中的常态。这部分人群相较

---

① Keyes K. M., Utz R. L., Robinson W., Li G. H. What is a cohort effect? Comparison of three statistical methods for modeling cohort effects in obesity prevalence in the United States, 1971-2006 [J]. Social Science and Medicine, 2010, 70 (7): 1100-1108.

② Dannefer, D. Cumulative advantage/disadvantage and the life course: Cross-fertilizing age and social science theory [J]. The Journals of Gerontology Series B: Psychological Sciences and Social Sciences, 2003, 58 (6): S327-S337.

③ 陈丹妮．人口老龄化对家庭金融资产配置的影响——基于 CHFS 家庭调查数据的研究[J]．中央财经大学学报，2018 (7): 40-50.

于较早出生队列人群具有更强的消费需求，储蓄意愿较低。尤其是 20 世纪 70 年代以后出生队列人群，家庭中抚养子女的巨大经济压力、少儿占比与医疗保险及养老保险参保率的负相关关系，都会直接降低家庭金融健康水平。值得注意的是，较晚出生队列有着更强的风险偏好，家庭更多地投资风险资产，加之房贷车贷的压力使家庭负债可能性随之提高。[①] 由此，我们提出家庭金融健康的队列效应假设。

假设 3：在队列维度上，不同年代出生队列金融健康水平总体呈下降趋势。

四、年龄—时期—队列分析方法的提出和发展

年龄—时期—队列分析方法假设个体间的差异是受到年龄、时期和队列三种因素共同影响的，因此需要通过分析不同调查时点及出生队列的年龄数据把握年龄、时期及队列的作用效应。[②] 但在实际研究中，区分年龄、时期和队列效应却面临一些困难。如在多期横截面数据中，年龄效应和队列效应会混杂在一起。最早提出年龄—时期—队列分析思路和 APC 多分类模型方法时，并没有真正解决年龄、时期和队列共线性的问题。[③] 在这三个因素中，知道其中任意两个因素，第三个因素将会被唯一确定，即三个变量之间存在完全的共线性（时期=年龄+出生队列）。若同时将其纳入普通线性分析模型中，则模型估计系数无法得到唯一确定的解，从而也无法实现对年龄效应、时期效应和队列效应的区分。本章使用 Yang 等（2004）提出的内生因子法（Intrinsic Estimator，IE）解决完全共线性问题，以获

① 沈淘淘，史桂芬．人口年龄结构、金融市场参与及家庭资产配置——基于 CHFS 数据的分析［J］．现代财经（天津财经大学学报），2020，40（5）：59-73.

② 田丰．逆成长：农民工社会经济地位的十年变化（2006—2015）［J］．社会学研究，2017，32（3）：121-143+244-245.

③ Karen Oppenheim Mason，William M. Mason，H. H. Winsborough，et al. Some Methodological Issues in Cohort Analysis of Archival Data［J］．American Sociological Review，1973，38（2）：242-258.

得稳定的APC模型系数估计结果。[①] 两因素模型也是求得APC模型参数唯一解的方法，即在年龄—时期—队列三因素模型中选择其中两个因素建立年龄—时期模型、年龄—队列模型或时期—队列模型。将三因素模型简化为两因素模型后，模型变量不再存在线性相关关系。研究者多同时构建两因素模型和三因素模型，以观察目标变量的真正影响因素。[②]

综上所述，国内对于金融健康的研究仍处于初步发展的阶段。尤其在家庭金融领域，以往大量文献在讨论问题时，几乎并未引入金融健康这一概念。个别研究结合不同影响因素分析受访家庭的金融健康表现，但对于近年来居民家庭金融健康的动态变化趋势缺少关注。家庭金融中的决策不仅关系到短期内的资产配置，更体现着长期的财务规划与发展目标。关注金融健康动态变化趋势不仅可以了解个体家庭财务状况表现，也有利于把握社会经济发展趋势。因此，本章使用中国家庭金融调查的多期横截面数据，运用年龄—时期—队列（Age-Period-Cohort，APC）模型在生命历程理论视角下尝试分析不同年龄、时期及队列效应下家庭金融健康的表现，为深刻理解中国家庭的金融健康发展提供科学依据。

五、基于中国家庭金融调查数据的实证分析

（一）数据来源

本章使用中国家庭金融调查（China Household Finance Survey，CHFS）数据，该调查是西南财经大学中国家庭金融调查与研究中心在全国范围内开展的抽样调查项目，旨在收集有关家庭金融微观层次的相关信息。其主要内容包括：人口特征与就业、资产与负债、收入与消费、社会保障与保

---

① Yang Yang，Wenjiang J. Fu，Kenneth C. Land. A Methodological Comparison of Age-Period-Cohort Models: The Intrinsic Estimator and Conventional Generalized Linear Models [J]. Sociological Methodology，2004，34（1）：75-110.

② 苏晶晶，彭非．年龄—时期—队列模型参数估计方法最新研究进展［J］．统计与决策，2014（23）：21-26.

险及主观态度等相关信息，对家庭经济、金融行为等方面内容进行了全面细致的刻画。通过合并2013年、2015年、2017年及2019年四期数据，研究将探讨中国家庭金融健康的年龄—时期—队列效应。

（二）变量设定

总体来看，国内金融健康相关的研究通过对日常收支管理、财务韧性、未来规划、金融能力等不同维度的测量及评分，将每一个指标适当加权得到综合的指数，以评估主体的金融健康状况。在指标体系的构建上基本都包括主观与客观两个部分，但具体到不同研究问题及研究对象，所设置的测量指标也有所不同。根据金融健康这一概念的内涵，参照现有研究的处理方法，研究将从日常收支管理、资产负债管理、流动资金管理、意外保障管理以及养老保障管理五个维度对家庭金融健康进行测量。每个维度指标均采用100分制，及格线为60分。采用双界限法，确定各个维度的及格线后，再计算出家庭所在省份的样本均值。

收支管理维度上，计算过去一年家庭总收入占家庭总支出的比重，及格线设置为1，即若收支相等则得到60分。再与其所在省份的样本均值进行比较，并按照相应评分规则计算得分。资产负债管理维度上，计算家庭总负债占家庭总资产的比重，并将家庭所在省份的样本均值作为双重阈值，即若家庭总负债占比与省份样本均值相等则得到60分，按照相应评分规则计算具体得分。流动资金管理维度上，借鉴以往研究，流动资金能够应付三个月生活开销的家庭则得到60分。意外保障管理维度主要评估家庭是否有足够保障以应对意外冲击，具体测量方法是计算家庭成员对于社会医疗保险、其他医疗保险、商业健康保险或商业人寿保险的参保率，若家庭成员参保率等于省份样本均值则计为60分。养老保障管理维度上，计算家庭成员在社会养老保险、企业补充养老保险或年金方面的参保率。对于未来的规划也体现为家庭的养老保障，家庭养老负担的减轻一定程度上有利于家庭金融健康。通过等权重法将五个维度的得分进行加权，计算出金融健康指数变量。总分为100分，得分越高，则表示家庭金融健康的表现越好。

在年龄—时期—队列模型相关变量方面，年龄（A）为户主年龄，研究样本年龄为 20~79 岁，时期（P）为数据调查年份，队列（C）为样本出生队列。另外，模型中纳入户主性别、婚姻状况、受教育年限、金融素养等个人特征变量，以及家庭规模、间接金融素养等家庭特征变量作为控制变量。

金融素养以户主对利率、通货膨胀及风险相关金融问题的回答情况来测量。借鉴现有研究的处理方法，[①] 根据受访者对利率及通货膨胀相关计算问题的回答，回答正确计 2 分，回答错误计 1 分，不知道如何计算则为 0 分。股票和基金的风险相关问题中，回答正确计 3 分，回答错误计 2 分，未听说过股票或基金计 1 分，均未听说过计为 0 分。加总计算则得到受访者金融素养得分。

间接金融素养以家庭中从事金融相关行业的人数来测量，具体定义为若家庭中有人从事金融业、房地产业、租赁和商务服务业等行业的工作，则认为该家庭会拥有相对较高的金融素养。[②] 计算可得最小值为 0，最大值为 3。由于样本量较小，因此将数值为 2 和 3 的样本合并至数值为 1 的样本中，得到家庭间接金融素养的虚拟变量，1 表示家庭间接金融素养水平相对较高。控制变量的具体情况见表 5-1。

表 5-1 控制变量描述性统计

变量	定义	样本量	最小值	最大值	均值	标准差
性别	女性=0，男性=1	69307	0	1	0.72	0.45
婚姻	未婚、分居、离婚、丧偶=0，已婚、同居、再婚=1	69308	0	1	0.81	0.39
受教育年限	没上过学=0，小学=6，初中=9，高中=12，中专/职高=12，大专/高职=15，大学本科=16，硕士研究生=19，博士研究生=22	69308	0	22	9.31	4.20

① 张欢欢，熊学萍．农村居民金融素养测评与影响因素研究——基于湖北、河南两省的调查数据［J］．中国农村观察，2017（3）：131-144.

② 庄家炽．社会关系网络、受教育程度与中国居民金融素养——基于 CHFS 的研究［J］．社会学评论，2022（4）：151-167.

续表

变量	定义	样本量	最小值	最大值	均值	标准差
金融素养	利率、通货膨胀、风险等金融相关问题得分加总，满分为7分	69308	0	7	2.66	2.29
家庭规模	家庭总人口数	69308	1	20	3.00	1.56
间接金融素养	家庭间接金融素养水平低=0，家庭间接金融素养水平高=1	69308	0	1	0.04	0.19

资料来源：西南财经大学中国家庭金融调查2013年至2019年四期抽样调查数据。

（三）模型设定

APC模型将影响某一社会现象的时间层面因素分为年龄、时期、队列三个维度考虑，以更好地识别每个维度各自对于因变量产生的效应。在研究中年龄、时期及队列效应反映的是不同年龄、调查时期及出生队列造成的家庭金融健康的变异程度。基于Yang等人提出的内生因子法，研究构建如下对数线性APC模型。

$$FH_{ij} = \mu + \alpha_i + \beta_j + \gamma_k + X_{ij}\delta + \varepsilon_{ij}$$

其中，FH_{ij}表示i年龄组j时期家庭的金融健康指数得分。α_i表示第i个年龄组的金融健康年龄效应，β_j表示第j个时期的金融健康时期效应，γ_k表示第k个出生队列的金融健康队列效应。μ为模型截距项，ε_{ij}为模型的随机扰动项。

另外，研究将进一步构建年龄—时期和年龄—队列的两因素模型分析家庭金融健康的效应变化。内生因子参数估计方法要求数据满足年龄+队列=时期的条件，通常研究中会将数据处理为5年组。但由于所使用的数据在时期跨度上并不满足分组条件，因此仅在两因素模型中对数据进行分组处理。

六、中国家庭金融健康各维度指标及综合金融健康指数的测量结果

表5-2显示的是家庭金融健康各维度指标及综合金融健康指数测量结

果。所有样本中，金融健康指数平均得分为65.69，略高于60分的及格线。按照金融健康网络（Financial Health Network）对于主体金融健康指数表现的划分，平均得分为0~39分表示主体处于金融脆弱（Financially Vulnerable）状态，各维度测量指标很少或几乎没有报告健康的结果。平均得分为40~79分表示主体处于金融应对（Financially Coping）状态，有部分测量指标报告健康的结果。平均得分为80~100分则主体处于金融健康（Financially Health）状态，各个测量指标全部报告健康的结果。由表5-2可以看出，家庭金融健康五个维度中部分测量指标结果良好，因此整体来看，中国家庭金融健康基本处于金融应对状态，在个别维度上的表现仍有改进的空间。

日常收支管理方面，大部分样本家庭平均得分高于及格线，即多数家庭年收入高于年支出。但整体均值略低于60分，仍存在少部分样本年支出大于年收入，在日常收支维度上得分较低。资产负债管理维度上，全体样本家庭得分均值达到90.87分，绝大部分家庭在负债管理上表现较好。大部分样本家庭在流动资金管理维度上表现较差，家庭所持现金及活期存款并不能应对三个月的生活开销。全体样本家庭得分均值仅有36.29分，从数值分布特征上来看，超过半数的家庭流动资金管理得分较低，仅少数样本家庭得分达到及格线。意外保障管理维度上，整体样本表现良好，样本得分均值为81.34分，仅次于资产负债管理方面的得分表现。养老保障管理得分均值达到及格线，这一指标表现与家庭中未成年人口数紧密相关。除了家庭在未来养老方面规划的不足，因年龄而未拥有相关养老保障的家庭成员对家庭养老方面参保率的影响，也可能是导致这一指标样本平均得分并不高的原因。

表5-2 家庭金融健康各维度指标描述性统计

金融健康维度	最小值	1/4分位数	1/2分位数	3/4分位数	最大值	均值	样本量
日常收支管理	0	18.26	65.26	100	100	56.83	69308
资产负债管理	0	97.30	100	100	100	90.87	69307
流动资金管理	0	3.24	13.95	92.03	100	36.29	69308

续表

金融健康维度	最小值	1/4 分位数	1/2 分位数	3/4 分位数	最大值	均值	样本量
意外保障管理	0	61. 14	100	100	100	81. 34	69283
养老保障管理	0	39. 68	69. 87	100	100	63. 13	69291
金融健康指数	0	53. 19	65. 93	80	100	65. 69	69280

七、中国家庭金融健康年龄—时期—队列模型分析

表 5-3 报告了使用年龄—时期—队列模型（内生因子法）对家庭金融健康进行分析的结果。图 5-1 展示了家庭金融健康的年龄效应。总体而言，家庭金融健康在中年时期逐步增长，并于 60 岁左右达到最高点后逐渐下降。从 20 岁至 45 岁的阶段，家庭金融健康呈现出一定的波动，但并无明显的增长或下降趋势。45 岁之后可以看到年龄效应曲线开始有所增长，并在 55 岁至 65 岁的阶段达到整个年龄阶段中的峰值。65 岁以后家庭金融健康指数开始呈持续下降趋势。居民对于资产的配置往往会依据整个生命周期的收入进行规划，如吴卫星等（2010）研究发现，居民家庭投资结构在风险角度上随年龄变化而呈现“钟形”结构。[①] 投资组合的有效性也表现出明显的倒“U”形年龄效应，家庭投资效率在 59 岁左右达到最高点。[②] 55~65 岁户主家庭中，父辈收入的积累及子代成年后稳定的工作收入都会为家庭良好的金融状况作出贡献。与此同时，风险偏好的降低及金融知识的积累也会促进家庭有意识地制定合理财务规划以实现长久发展的目标。

---

① 吴卫星，等．中国居民家庭投资结构：基于生命周期、财富和住房的实证分析［J］．经济研究，2010（S1）：72-82.

② 周聪．生命周期与家庭投资组合有效性——投资经验累积还是认知能力衰退［J］．南方经济，2021（6）：101-118.

表 5-3　家庭金融健康 APC 模型分析结果

自变量 \ 因变量	家庭金融健康	
	系数	标准差
性别（女）	0.0224***	0.0023
配偶（无）	0.0640***	0.0029
受教育年限	0.0131***	0.0003
金融素养	0.0183***	0.0008
家庭规模	-0.0383***	0.0052
间接金融素养	0.0472***	0.0005
年龄	是	是
时期	是	是
队列	是	是
截距	4.0298***	0.0023
AIC	10.6722	—
BIC	-445628	—

注：*、**、*** 分别表示在 10%、5%、1%的水平上显著。

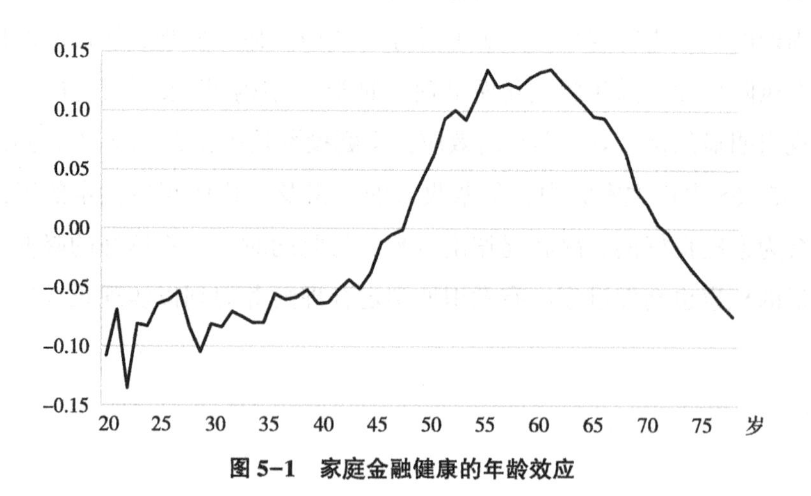

图 5-1　家庭金融健康的年龄效应

进一步分析五个维度的测量指标在不同年龄阶段的得分表现，如图 5-2、图 5-3 所示，样本家庭在意外保障管理及养老保障管理维度上均呈现出得分随年龄增长而同步增长的趋势。2013 年中国全民基本医保体系初步形成，且其他医疗保险及商业医疗保险仍在发展阶段，社会保障体系建设工作仍在全面推进，因此可以看出，2013 年家庭意外保障管理及养老保障管理得分均处于相对较低的水平。但仍不难看出，样本家庭在这两个维度的得分均在 60 岁左右达到顶点，之后基本保持稳定，有轻微波动，或呈现出略微下降的趋势。因此金融健康在年龄效应上表现的波动，主要是受到意外保障及养老保障维度的得分表现影响。另外，养老保障管理得分在 30 岁至 44 岁阶段的低谷，可能是由于这一年龄阶段的生育行为促进家庭人口数的增长，从而间接导致了养老保险参保率的下降。

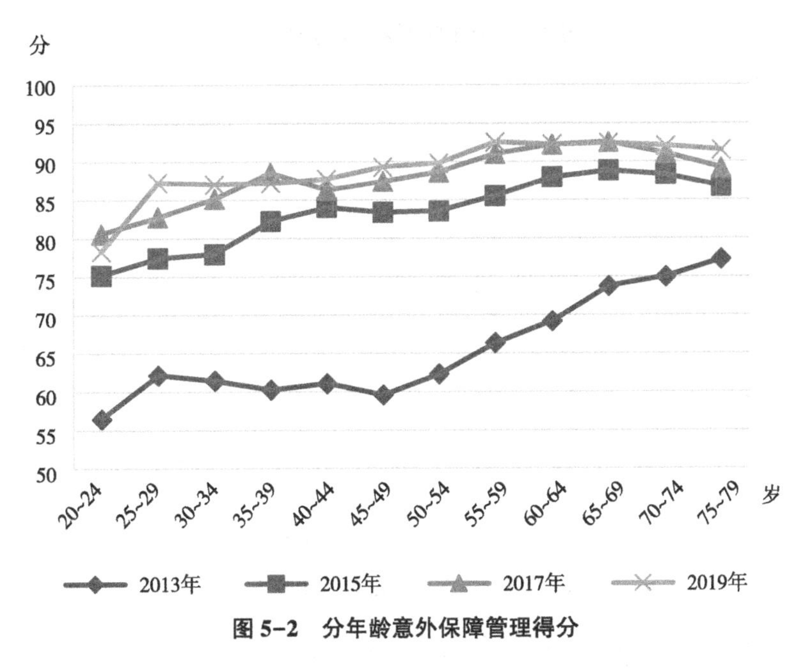

图 5-2　分年龄意外保障管理得分

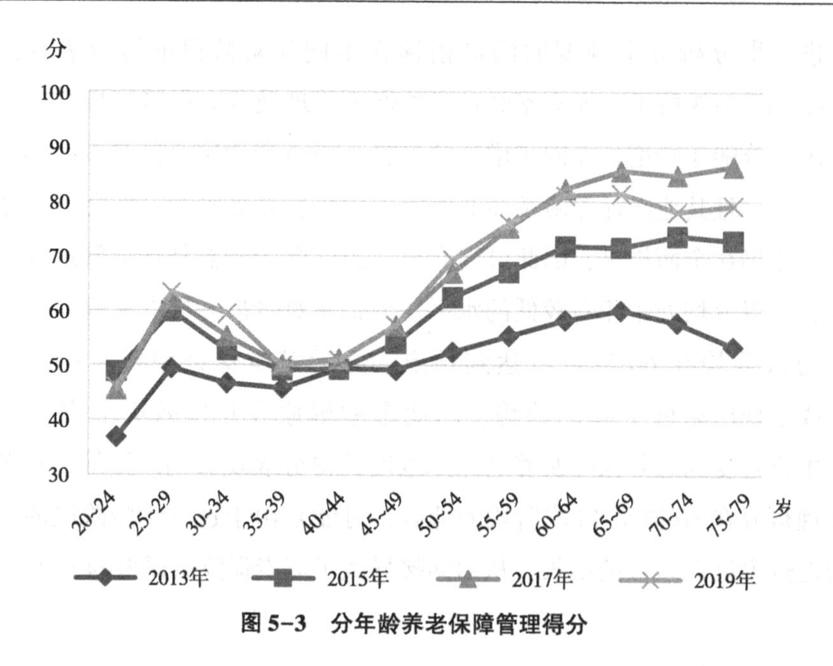

图 5-3 分年龄养老保障管理得分

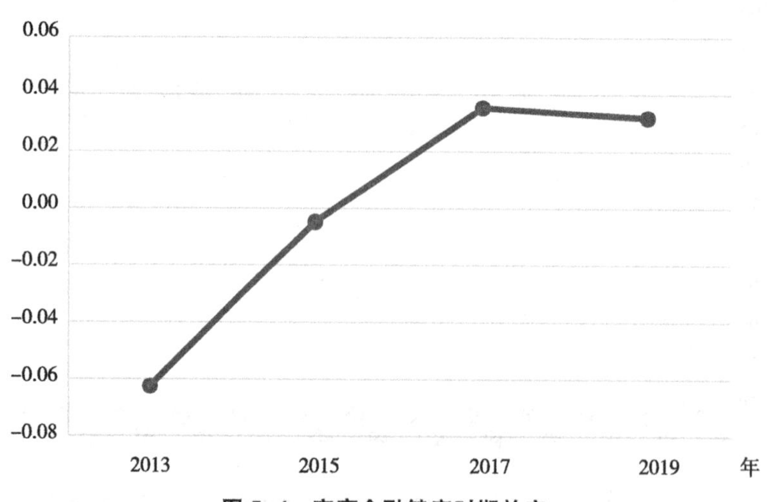

图 5-4 家庭金融健康时期效应

从图 5-4 可以看出，家庭金融健康指数随时期变化而不断增长，但在 2017 年至 2019 年有轻微的下降趋势。从各个维度得分情况来看（见图 5-5），各时期家庭负债管理得分均保持在较高水平。相反，样本家庭在流动资金管理维度上表现并不好，各时期样本平均得分均未达到 40 分。与意外保障及养老保障管理随时期而逐渐增长的趋势不同，收支管理得分没有呈现出明显的增长趋势，而是在 50~60 分区域来回波动。收支管理指标的计算涉及家庭总收入及家庭总支出，即家庭过去一年的收入和消费情况。从国民经济核算体系来看，收入中未用于消费的部分即为储蓄。中国储蓄率一直远高于其他国家，2008 年国际金融危机以来储蓄率有所降低，2016 年以来甚至略低于最优储蓄率水平，预计未来中国储蓄率总体水平仍将呈现下降趋势。[①] 随着经济增速放缓，在短期储蓄的减少和对于长期财务目标信心下降的共同作用下，家庭总支出在家庭总收入中的占比增大，导致收支管理得分的降低。在其余维度指标并无明显变化趋势的情况下，这也间接导致了家庭金融健康得分在 2019 年降低。

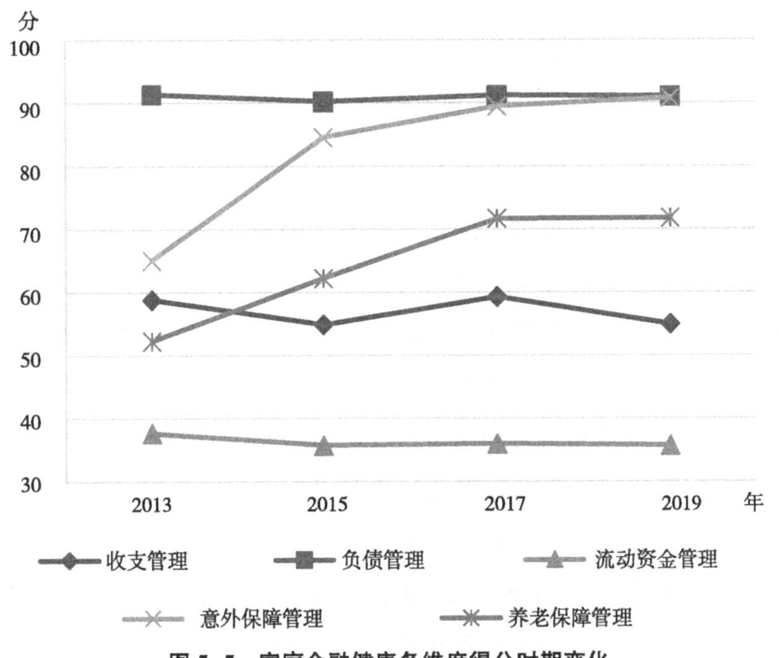

图 5-5　家庭金融健康各维度得分时期变化

根据图 5-6 结果可知，家庭金融健康在 1934 年至 1959 年的出生队列中有轻微的下降趋势，在 1960 年至 1990 年出生队列保持稳定态势。但值得注意的是，由于 1994 年以后出生队列样本较少，导致家庭金融健康队列效应在 1994 年以后急剧下降，造成了样本量偏差。因此可能无法提供足够的信息来支持这一群体反映出来的队列效应。

① 陈卫东，梁婧．中国储蓄率变化、趋势及影响研究［J］．西南金融，2022（2）：27-41.

图 5-6 家庭金融健康队列效应

控制变量方面，从性别上来看，男性户主家庭的金融健康表现相对更好。具体分析各个不同维度，除了流动资金管理方面（见图 5-7），其余维度得分情况并未表现出明显的性别差异。现有研究表明，女性拥有更长的预期寿命和较低的风险偏好。同时相较于男性，女性户主会更加注重家庭的长远发展，这些都使女性具有更强的储蓄动机，[①] 因此也可能是女性户主家庭流动资金准备并不充足的原因。相较于没有配偶的户主家庭来说，户主有配偶的家庭金融健康指数相对更高，配偶不仅可以在情感关系上提供支持，也会对家庭收入来源增加及收支平衡稳定起到积极的作用。户主受教育年限增加对家庭金融健康有显著的正向作用，文化程度越高，相对来说所了解的金融知识越多，在家庭资产的管理与配置上会有更好的表现。同样地，户主金融素养与家庭间接金融素养也对家庭金融健康有着积极的影响。但数据结果显示，随着家庭规模的扩大，家庭金融健康指数反而会降低。一方面，家庭总人口数的增加意味着家庭总支出的增长，尤其是子代中未成年人口会促进家庭教育等各方面支出，且短期内没有能力为家庭增加收入，因此会导致家庭在收支管理维度上得分较低。另一方面，家庭中未成年人口的增加会影响家庭未来规划，具体体现为养老保险参保率的降低，从而间接影响到家庭在养老保障管理方面的得分

① 刘惟卓．性别比变化对储蓄率的影响——基于 84 国国别数据的实证研究 [D]．复旦大学，2013.

表现。

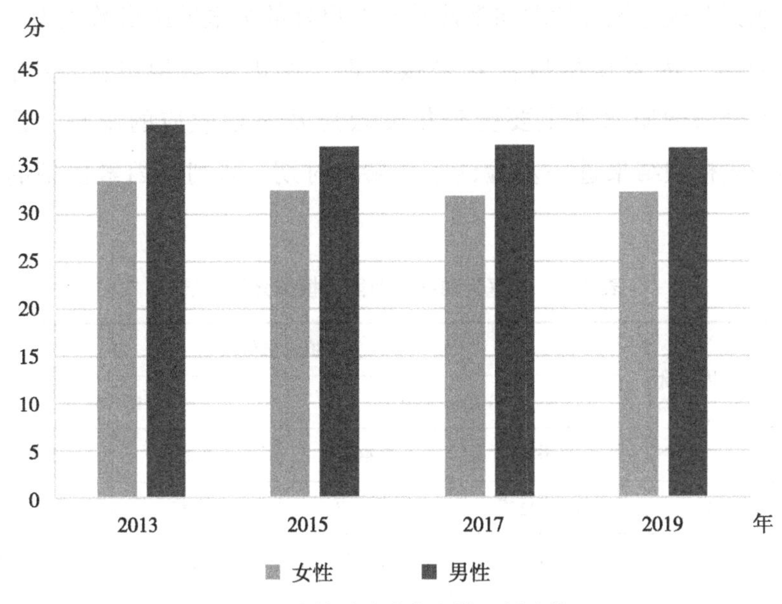

图 5-7　分性别流动资金管理得分情况

八、中国家庭金融健康两因素模型验证

表 5-4 为家庭金融健康年龄—时期及年龄—队列两因素模型分析结果。可以看出，各控制变量对于家庭金融健康的影响与三因素模型回归结果基本一致。而在对年龄及出生队列变量进行分组后，两因素模型结果也呈现出和年龄—时期—队列模型（内生因子法）分析结果相似的趋势。在年龄—时期模型（见图 5-8a、图 5-8b）及年龄—队列模型（见图 5-9a、图 5-9b）中，家庭金融健康指数均随着年龄增长而不断上升，且在 60～69 岁年龄组达到峰值，随后呈缓慢下降的趋势。时期效应上，家庭金融健康逐年增长，但相较于 2017 年，2019 年并未出现明显增幅，且在系数表现上有所回落。按照假设结果，20 世纪 60 年代和 70 年代出生队列户主处于中年时期，可能具有相对更高的金融素养从而对家庭金融健康水平有积极的影响。但与预期不同，分组后队列效应整体平稳下行态势更加明显，且仍受到样本量影响，20 世纪 90 年代出生队列呈现较低的金融健康

水平。这一结果表现可能与家庭生命周期紧密相关，出生队列更早的户主资产的积累及规避风险的取向都使其具有更好的金融健康指数表现。当两因素模型与三因素模型拟合效果接近时，两因素模型更优。① 可以认为，家庭金融健康水平主要受到年龄效应及时期效应的影响。总体来说，两因素模型结果进一步验证了年龄—时期—队列三因素模型的分析结果。

表 5-4 家庭金融健康两因素模型分析结果

因变量 / 自变量	家庭金融健康			
	年龄—时期		年龄—队列	
	系数	标准差	系数	标准差
性别（女）	0.0222***	0.0023	0.0274***	0.0023
配偶（无）	0.0662***	0.0029	0.0647***	0.0030
受教育年限	0.0129***	0.0003	0.0130***	0.0003
金融素养	0.0181***	0.0005	0.0173***	0.0005
家庭规模	-0.0387***	0.0008	-0.0429***	0.0008
间接金融素养	0.0469***	0.0052	0.0468***	0.0052
年龄	是	是	是	是
时期	是	是	否	否
队列	否	否	是	是
截距	4.0443***	0.0042	4.0413***	0.0041
AIC	10.6938	—	10.77	—
BIC	-445116	—	-439874.4	—

注：*、**、*** 分别表示在 10%、5%、1%的水平上显著。

① Clayton D, Schifflers E. Models for Temporal Variation in Cancer Rates II: Age-period-cohort models [J]. Statistics in Medicine, 1987 (6): 469-481.

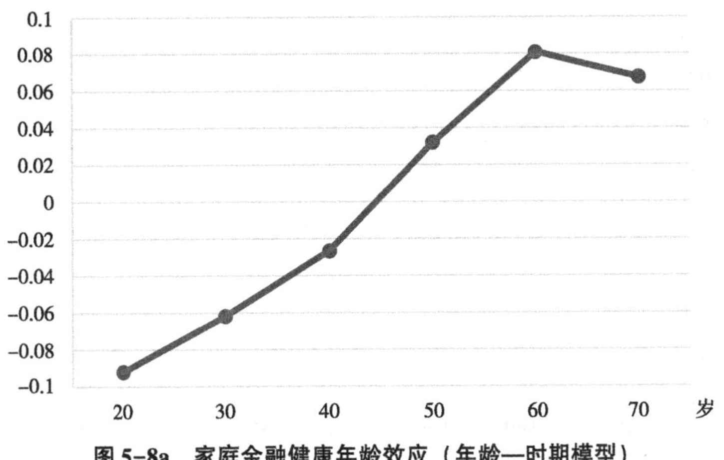

图 5-8a　家庭金融健康年龄效应（年龄—时期模型）

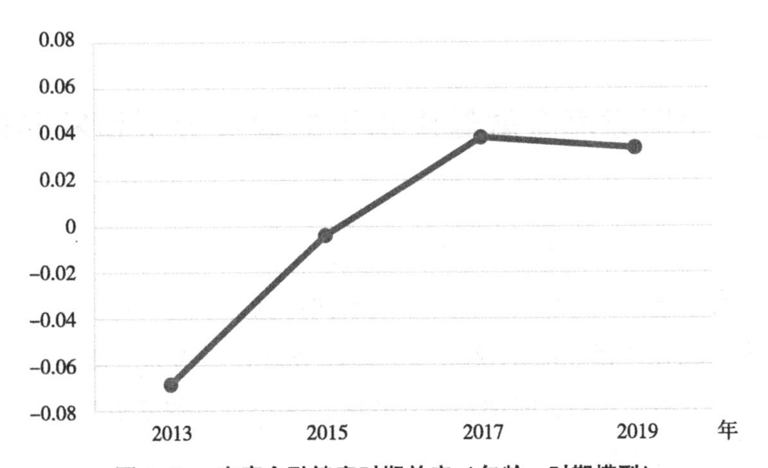

图 5-8b　家庭金融健康时期效应（年龄—时期模型）

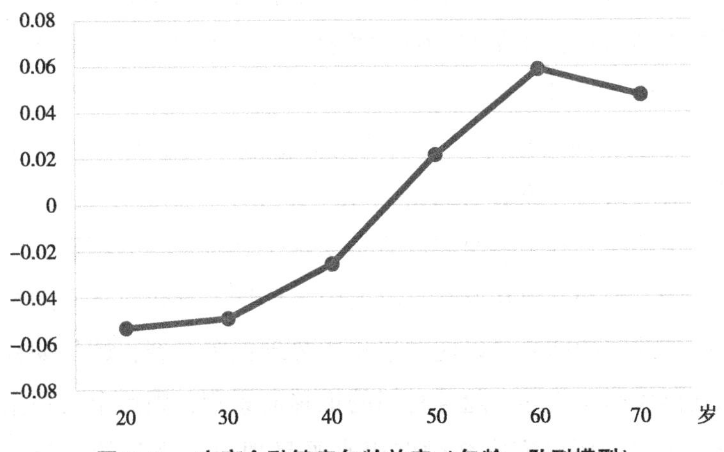

图 5-9a　家庭金融健康年龄效应（年龄—队列模型）

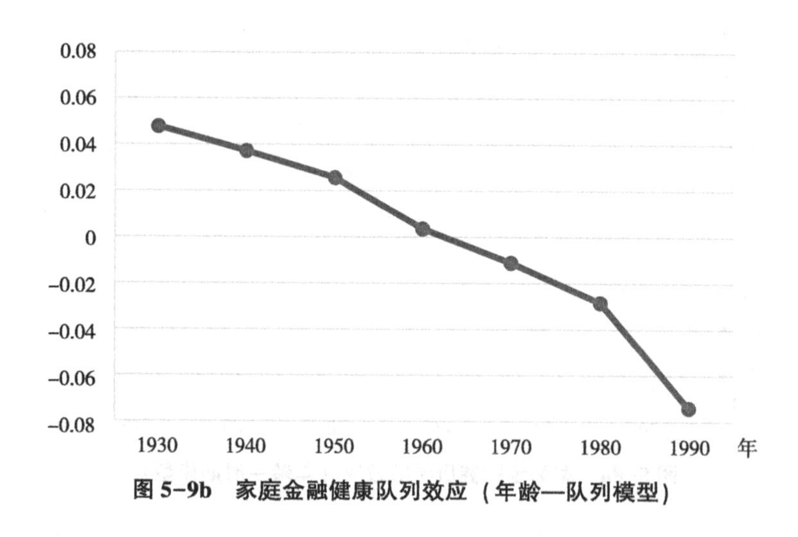

图 5-9b 家庭金融健康队列效应（年龄—队列模型）

九、中国家庭金融健康水平的现实分析和发展建议

当前中国家庭金融健康的研究还在起步阶段，研究基于 CHFS 2013 年、2015 年、2017 年和 2019 年四期全国抽样调查数据，对中国居民家庭金融健康状况在年龄、时期及队列上的趋势进行了考察。通过内生因子法，有效地分离了年龄，时期和队列效应，从而对金融健康在三个维度上的演化趋势进行了估计。

研究结果发现，中国家庭金融健康水平表现出了明显的年龄效应，随年龄增长而不断增长，并在 55~65 岁维持在较高水平，随后缓慢下降。伴随中国经济迈向高质量发展，居民家庭财富管理意识日益增强。提前老龄化意味着原有生命周期理论下年龄结构对金融市场参与行为的影响被滞后。从时期效应来看，家庭金融健康水平逐年上升，但在 2017 年至 2019 年出现了轻微回落。其主要原因可能是受到了经济增速放缓影响，家庭短期储蓄率下降，消费支出在家庭总收入中占比增大导致收支管理维度得分降低。而队列效应的结果可以通过累积优势理论来解释，即早期社会历史事件的队列群体影响差异会随着时间的推移而累积，因此个人在生命过程的后期受益更多，所以家庭金融健康水平呈现出了平稳的下降趋势。此外，模型结果还反映出家庭规模越大，金融健康得分越低；而性别、婚姻状况、受教育年限、金融素养、间接金融素养等控制变量均对家庭金融健康存在显著的正向影响。

整体来看，中国居民家庭的金融健康水平受年龄和时期效应影响较大，平均得分在60分及格线以上。有少部分家庭达到了较高的金融健康状态（80分以上）。

绝大部分家庭在资产负债管理方面表现优秀，家庭负债在自身可承担和控制的范围之内。意外保障和养老保障管理得分均值达到及格线，表明中国医疗保险和养老保险相关政策的实施不仅为个人生活提供保障，提高其抵御风险的能力，也间接促进家庭金融福祉及金融韧性的提升。

在日常收支管理维度上，家庭间差异较大，部分家庭收支水平低于所在省份的样本家庭平均水平。人口结构转变背景下，家庭的养老负担可能会进一步加重，这要求家庭在有政策保障的同时，做好家庭收入与支出的平衡，依据自身财务状况作出合理的未来规划。

在流动资金管理维度上，绝大部分家庭得分较低，这一表现与中国居民的预防性储蓄比例较高有关，可能会对家庭金融韧性造成一定影响。以往研究发现，预防性储蓄至少能解释中国居民人均金融财产积累的20%~30%。但与此同时，近年来飞速发展的移动支付方式不仅可以通过缓解流动性约束、信贷约束和扩大社会网络等渠道降低家庭储蓄率，还可以缓解健康风险、医疗风险、失业风险、收入风险等对预防性储蓄的影响。[①] 总的来说，中国居民家庭金融健康水平仍存在较大的提升空间。各个测量维度指标相互交织，共同构成金融健康指数表现，因此家庭金融健康水平的提升也应从多层面进行考虑。

作为普惠金融发展的高级形态，深化普惠金融高质量发展需要进一步加强金融健康能力的建设。个体层面上，应加强对金融消费者的关注，针对不同生命周期人口开展金融教育，提高其金融素养和金融健康意识，从而培养个体或家庭进行财务决策的能力，增强其对未来长期财务状况的信心，为金融福祉和金融韧性的提高充分赋能。政策层面上，构建多层次的政策框架，为金融健康的发展提供政策保障。进一步完善相关政策及法律

---

① 尹志超，等．移动支付对中国家庭储蓄率的影响［J］．金融研究，2022（9）：57-74.

法规，加强金融市场监管，减少外部风险可能对家庭造成的冲击。另外，要建立健全金融健康相关的评价指标和评估体系，为金融健康发展提供完善且科学的衡量标准，使其更好地发挥衡量家庭或其他主体金融状况的工具作用，也帮助研究者更准确把握主体金融健康状况。

第六章 风险态度和借贷参与影响下的居民创业

创新创业是经济发展的强大助力，也是国家与社会发展的重要引擎。自2014年国家提出“大众创业，万众创新”发展战略以来，中国创业市场迅速增长，自主创业人数与新增企业数快速增加。根据国家市场监督管理总局数据，2020年前三季度全国新设市场主体达1845万户，每日平均新增市场主体6.76万户。截至2020年9月，全国登记在册市场主体规模达1.34亿户，在新冠疫情带来的复杂环境下，仍保持3.3%的同比增长。[①] 借助网络平台、电商、微商等形式各类创业纷纷涌现，为经济发展注入了新的活力。

关注到创业对社会经济发展的重要意义，学术界围绕创业行为开展了丰富的研究，提出了创业的分析框架。国外学者加特勒（1985）指出，创业行为受到个人、组织、创业过程和外部环境的共同影响；[②] 提莫司等（1977）进一步强调创业主体的多样性，认为应该开展个人、团体、行业、企业、社会等多层次、多维度的研究。[③] 以此为基础，国内学者对创业影响因素的分析主要围绕社会资本和风险态度两大主题展开，[④] 从外部环境、个人特质、信贷约束、社会资本等多个角度讨论了创业行为的发生条件。

---

① 国家市场监督管理总局．前三季度全国新设市场主体1845万户［EB/OL］．国家市场监督管理总局网站．2020-10-30. http：//www. samr. gov. cn/xw/zj/202010/t20201030_322736. html.

② Gartner，W. B.，A conceptual framework for describing the phenomenon of new venture creation［J］．Academy of Management Review，1985，10（4）：696-706.

③ Timmons，J. A，Smollen，L. E. &Dingee，A. L.，New venture creation：A guide to small business development［M］．Irwin Professional Publishing，1977.

④ 吕静，郭沛．社会关系、风险偏好异质性与家庭创业活动［J］．金融发展研究，2018（10）：22-28.

具体而言，有利的外部环境是创业萌发的土壤，尊重和认可创业者的文化不仅有利于个体参与创业积极性的提高，还能通过促进个体感知创业机会，获得创业技术能力的途径提高个体的创业能力。① 围绕个人特征的研究发现，在城市和农村不同的社会背景下，男性和女性的创业行为具有显著差异。男性是城市创业的主要力量，而农村创业主体则是女性。② 受教育程度对不同动机下的创业行为具有显著的影响，更高受教育水平降低了个体参与“生存型”创业的可能性，却提高了进行“机会型”创业的概率。③ 个体健康状况也是影响创业行为的背景风险之一，健康状况变差会使个体减少金融资产的持有，尤其是风险资产的持有，同时将资产向安全性较高的生产性资产和房产转移，表现出规避创业的倾向；④ 个体具有医疗保障能提高个体风险承受能力，降低对未来不确定性的恐惧，促进创业活动参与。⑤ 由于创业资金门槛的存在，财富积累与创业行为也具有显著的相关关系。研究发现，净资产积累多，金融约束较弱者参与创业的可能性更高；创业行为与金融风险投资行为之间存在挤出效应，个体在股票、债券等金融领域进行投资将减少可用于创业的资产金额，降低了参与创业的可能性。⑥

以往对创业发生条件的讨论尽管侧重点不同，但创业者的风险态度和创业资金来源是创业行为分析中两个至关重要的因素。围绕风险态度的研究认为敢闯敢干的企业家精神是创业者的必要特质。围绕创业客观条件即金融约束视角的研究，强调创业活动需要充足的启动资金，是否有足够的金融支持。现有研究中，将两者置于同一框架下进行研究的较少，分析重

---

① 张玉利，杨俊．企业家创业行为的实证研究［J］．经济管理，2003（20）：19-26.

② 陈其进．风险偏好对创业选择的异质性影响——基于 RUMIC 2009 数据的实证研究［J］．人口与经济，2015（2）：78-86.

③ 宋宇，张琪．制度因素、个人特性与创业行为：中国经验［J］．中国软科学，2010（1）：12-16.

④ 雷晓燕，周月刚．中国家庭的资产组合选择：健康状况与风险偏好［J］．金融研究，2010（1）：31-45.

⑤ 张玲玲．城镇居民基本医疗保险对家庭创业决策的影响［J］．当代经济管理，2017（1）：89-97.

⑥ 陈志英，肖忠意．创新创业制度环境、创业行为与家庭资产选择［J］．世界经济文汇，2018（4）：20-35.

点也多集中于农村信贷约束,[①][②] 较少关注城乡居民不同渠道及用途的借贷参与情况，以及借贷类型对创业活动的影响。基于此，本章主要分析个人风险态度和借贷行为对居民创业的影响机制。

一、创业的概念与内涵

创业被视为一种职业转变的行为，与工资性就业不同，创业以创办企业或自我雇佣为主要特征。[③] 但创立新组织并非创业的必要条件，尤其对天然自雇佣的农户群体这一标准缺乏适用性，因此部分学者提出将高经营成本、大生产规模的农户也纳入广义的创业范畴，因为通过经营规模的调节，农户事实上已经完成了对原有生产方式的更新。值得注意的是，本章所谓的创业活动主要沿用狭义创业定义，将创业作为职业类型之一。

创业通常被视为高风险的经济活动。创业者经营并赚得利润的同时，也承担着创业失败、商品价格不确定等风险。早期创业分析多从个人特质出发，讨论创业者的风险态度与创业活动的关系。最具代表性的风险规避理论认为，创业者不同于他人的风险偏好和成就欲望是其投身创业的主要原因，在相同的市场工资水平下，个体对风险持有的不同态度导致了职业选择的差异。风险态度偏向冒险的群体愿意转变职业的临界工资水平更低，因此更可能成为创业者，而风险厌恶者则倾向于在雇佣关系中获得稳定收入。[④]

风险规避理论视角为创业活动提供了一定的解释，而伊斯瓦兰和克特威从金融约束和初始财富的角度进行了补充，认为能否获得充足的运营资

① 程郁，罗丹．信贷约束下农户的创业选择——基于中国农户调查的实证分析［J］．中国农村经济，2009（11）：25-38.

② 彭克强，刘锡良．农民增收、正规信贷可得性与非农创业［J］．管理世界，2016（7）：88-97.

③ Evans，D. S. &Jovanovic，B. An estimated model of entrepreneurial choice under liquidity constraints［J］．Journal of Political Economy，1989，97（4）：808-827.

④ Kihlstrom，R. E. &Laffont，J. J. A general equilibrium entrepreneurial theory of firm formation based on risk aversion［J］．Journal of Political Economy，1979，87（4）：719-748.

本是制约创业的主要原因。[①] 初始财富少，信贷约束强，民间融资乏力的个体会由于资本不足而被创业市场排除在外；此外，资本数量还直接影响创业经营的规模和方式，资本增多时个体更倾向于减少直接劳动参与，承担管理角色。

二、风险态度与创业活动的关系研究与假设

风险态度一般是指面对生产活动的目的和生产结果之间的不确定性，不同的企业或个体所持有的承担或者规避的主观态度，并表现出对这种不确定性是否接受的心理状态。[②] 以往研究从微观层面对风险态度的测量主要有两种途径，其一是采用问卷或量表计算风险态度程度，如选择困境问卷（Choice Dilemma Questionnaire，CDQ）[③]、风险态度量表（Risk Attitude Scales，RAS）[④]、特定领域风险承担量表（Domain - Specific Risk Taking，DOSRT），[⑤] 或直接采用单个五点式题目评估个体的风险倾向；其二是用是否使用安全带、吸烟、保险购买等行为作为风险态度的代理变量讨论风险态度对创业的影响。

关于风险态度与创业相互影响的研究由来已久，但研究结论却存在诸多争议。20 世纪 40 年代，Knight（1942）的研究表明，风险态度程度与创业间存在正向关系，高风险偏好者在创业中往往更为积极。[⑥] Kihlstrom 和 Laffont（1979）提出了创业的风险规避理论，认为风险厌恶者偏好获取

① Eswaran，M. &Kotwal，A. Access to capital and agrarian production organization [J]. The Economic Journal，1986，96（382）：482-498.

② 罗明忠，张雪丽．创业风险容忍及其规避：一个文献综述［J］．珞珈管理评论，2016（1）：53-64.

③ Kogan，N.，&Wallach，M. A. Risk taking：A study in cognition and personality [J]. 1964.

④ Longair，M. Ways forward：the RAS Questionnaire [J]. A&G，1997，38（3）：19-22.

⑤ Nicholson，N. &Soane，E. Personality and domain-specific risk taking [J]. Journal of Risk Research，2005，8（2）：157-176.

⑥ Knight，Frank H. Profit and Entrepreneurial Functions [J]. Journal of Economic History，1942，2（S1）：126-132.

雇佣工资而非自己创业，是因为他们的经济回报期望更低。[①] 但反对派观点认为，个体心理层次的风险态度倾向具有不稳定性，对创业活动并不会产生实质性影响，创业者与非创业者的风险态度并不存在显著差异，前者只是对风险的态度更为乐观和更能作出看起来冒险的抉择。[②] 在中国社会背景下，研究者近年来才开始关注风险态度与创业的关系，由于目标群体和社会条件的不同，上述基于西方国家的研究结论也有待进一步验证。吕静等（2018）分析了中国社会背景下个体的风险态度与家庭创业的关系并发现，尽管在强弱不同的社会关系结构里个体风险态度对创业的影响效力略有差异，但总体上都对创业有正向影响，偏好风险的个体更有可能成为企业家。[③] 但陈波（2009）对返乡创业农民工的研究却发现，风险态度保守的农民工投资回报期望更低，回乡创业规模和难度小，反而比风险偏好者表现出了更多回乡创业行为。[④] 还有研究者分别基于"个人特质"和"行为趋向"定义了风险偏好与风险倾向两个概念，发现作为个人稳定特质的风险偏好对创业并不具有显著影响，而在行为决策时表现出的高风险倾向能够显著提高个体参与创业的可能性，风险感知在这一影响过程中发挥着桥梁作用。[⑤] 以往研究为风险态度研究提供了大量的经验证据，虽然围绕不同群体的结果差异较大，但基本关注到风险态度对创业的影响意义。因此，从风险态度的研究出发，研究提出以下假设。

假设1：

风险态度对创业活动具有正向影响，风险偏好程度越高，创业活动的可能性就越大。

---

① Kihlstrom, R. E. &Laffont, J. J. A general equilibrium entrepreneurial theory of firm formation based on risk aversion [J]. Journal of Political Economy, 1979, 87 (4): 719-748.

② Caliendo, M, Fossen, F. M. &Kritikos, A. S. Risk attitudes of nascent entrepreneurs-new evidence from an experimentally validated survey [J]. Small Business Economics, 2009, 32 (2): 153-167.

③ 吕静，郭沛．社会关系、风险偏好异质性与家庭创业活动［J］．金融发展研究，2018（10）：22-28.

④ 陈波．风险态度对回乡创业行为影响的实证研究［J］．管理世界，2009（3）：84-91.

⑤ 马昆姝，覃蓉芳．个人风险倾向与创业决策关系研究：风险感知的中介作用［J］．预测，2010（1）：42-46.

三、借贷参与和创业活动的关系研究与假设

借贷参与是指个人参与和其他经济主体之间的经济往来，包括与其他个体、银行或与企业的经济互通。这种经济互通包括流入和流出两个方向，研究所讨论的借贷参与主要指资金流入，即个体从其他经济主体处借入资金。现有研究通常根据资金供给方受监管和约束程度的差异，将借贷区分为正规借贷和非正规借贷两类。正规借贷指从银行等正式金融中介机构处获得借款，通常需要完成系统的审批流程，非正规借贷指从非正式机构或者亲友处获得资金，参与形式相对灵活。① 从金融约束与初始财富理论出发，能否获得充沛的资金对创业活动至关重要。家庭财富常常被视为创业资金的主要来源，然而，若无足够的家庭财富负担创业活动，借贷资金则成为创业资金的重要来源。因此，研究者将借贷参与作为分析创业的重要影响因素。

大量围绕正规借贷与创业的研究已经证实正规借贷与创业之间存在正向影响关系，正规借贷不仅可以帮助创业者克服融资困难，还能为扩大生产经营规模，增强市场竞争力提供支持。② 但值得关注的是，由于正规借贷具有较多限制条件，多数潜在创业者难以从主流金融机构获得充裕、公平的借贷服务，抑制了其创业可能性。③ 近年来，国内部分学者转向探讨非正规借贷对创业的影响作用。有些认为，在信贷约束普遍存在的情况下，非正规借贷可以降低资金获得难度，通过帮助个体获得新技术、提高教育水平、保障健康等渠道，增强风险抵御能力，助力创业活动。④ 非正规借贷还被视为正规借贷的替代或补充，通过提供替代性金融服务，非正

---

① 尚华伟．金融支持消费升级的影响机制——基于正规金融、非正规金融和互联网金融的比较［J］．商业经济研究，2019（12）：157-161.

② 张海洋，郝朝艳．社会资本与农户创业中的金融约束——基于农村金融调查数据的研究［J］．浙江社会科学，2015（7）：15-27+155.

③ 刘雨松，钱文荣．正规、非正规金融对农户创业决策及创业绩效的影响——基于替代效应的视角［J］．经济经纬，2018（2）：41-47.

④ 苏静，胡宗义．农村非正规金融发展减贫效应的门槛特征与地区差异——基于面板平滑转换模型的分析［J］．中国农村经济，2013（7）：58-71.

规借贷缓解了正规金融发展滞后为创业带来的约束，推动农户参与创办企业或自我雇佣等创业活动，这一影响在正规信贷不发达的地区尤为明显。[①] 李祎雯和张兵（2016）通过对信贷约束和非约束的农户群体进行对比发现，非正规借贷具有操作程序简单，偿还时间灵活，能获得借贷人全面信息的特点，因此吸引个体将其作为创业资金的重要筹资渠道。[②] 相比较而言，正规借贷对创业具有更加关键的意义，尽管不少家庭利用非正规借贷获得了创业资金，但基于亲缘、地缘或业缘关系的借贷方式成本高、安全性低、违约风险大，并不适合市场化经济活动。同时，非正规借贷规模过大还可能为创业者带来财务风险和负债危机。[③]

关于借贷对创业活动的影响效应，目前存在两类不同的理解。第一类认为借贷获得通过增加个人财富，为创业活动提供运营资金，发挥融资效应，还能通过增加可掌握的流动资产，降低风险性金融活动的参与成本，对创业活动发挥杠杆效应。[④⑤] 第二类则着重关注借贷对创业的负面影响，提出获得贷款者拥有更高的风险规避倾向，以住房贷款为例，负担房贷的家庭创业发生率降低，房贷比例越高，家庭创业可能性越低。[⑥] 鉴于目前研究对借贷存在的两类效应未加以区分，借贷对创业的差别影响可能与资金用途显著相关。因此，按照借贷资金与创业活动的关系，本章将直接用于生产经营的借贷与用于消费活动的借贷加以区分。经营型借贷有助于创业者在生产经营上的流动资金需求，有助于克服融资不足而造成的创业障碍，对创业活动发挥正向的融资效应或杠杆效应。依据初始财富理论，在一个不完善的金融市场中，偏好超前消费的家庭累积创业所必需的初始资金可能性更低。由于资金约束的制约，使创业的可能性降低。多用

---

① 马光荣，杨恩艳．社会网络、非正规金融与创业［J］．经济研究，2011（3）：83-94.

② 李祎雯，张兵．非正规金融对农村家庭创业的影响机制研究［J］．经济科学，2016（2）：93-105.

③ 田霖，金雪军．主流与非主流金融对家庭创业的影响——基于CHFS项目28143户家庭的调查数据［J］．重庆大学学报（社会科学版），2018（2）：24-35.

④ Cocco, J. F. Portfolio choice in the presence of housing [J]. The Review of Financial Studies, 2005, 18 (2): 535-567.

⑤ Heaton, J. &Lucas, D. Portfolio choice and asset prices: The importance of entrepreneurial risk [J]. The Journal of Finance, 2000, 55 (3): 1163-1198.

⑥ Bracke, P, Hilber, C. &Silva, O. Homeownership and entrepreneurship: The role of commitment and mortgage debt [J]. IZA Discussion Papers, 2013.

于教育、房屋、车辆、医疗等消费领域的借贷，不仅不能如创业活动一样带来即期收益，还可能会因偿还需要增加个体的负债压力，抑制创业发生。[①] 融资约束和自有资本的缺乏阻断了高消费倾向家庭的创业选择。借贷资金的来源渠道和用途相互交互，形成了多种组合方式，从而深化我们在复杂社会背景条件下对借贷参与的内涵讨论及其对创业影响的研究。根据借贷渠道和用途，将借贷参与进一步细分为正规经营、正规消费、非正规经营、非正规消费四种类型，进而探讨其对创业行为的影响，并提出以下假设。

假设 2：无论通过哪类借贷渠道，个体获得经营性借贷，更可能提高创业活动的可实施性。

假设 3：无论通过哪类借贷渠道，个体获得非经营性借贷，可能降低创业活动的可实施性。

假设 4：对比正规渠道的借贷参与非正规渠道的借贷参与，前者对创业活动有更大的影响。

四、基于 2015 年中国家庭金融调查的实证研究

（一）研究数据来源

本章使用的数据来自西南财经大学中国家庭金融调查与研究中心 2015 年在全国范围内开展的第三轮中国家庭金融调查。2015 年调查采取三阶段分层与人口规模成比例抽样方法，覆盖了全国 29 个省（自治区、直辖市）、351 个县（区、县级市）、1396 个村（居）委会，共获得了 37289 个家庭的资产与负债、收入与支出、保险与保障、家庭人口特征及就业等方面的信息，为研究微观层面的金融行为提供了有力的数据支持。研究剔除了 15 岁以下和 70 岁以上的样本，最终保留 20664 个具有潜在创业可能的

---

① 李孔岳，孙振宁．消费倾向与创业选择：资金约束和社会关系的视角［J］．电子科技大学学报（社会科学版），2019（1）：1-8+29.

观测值，其中男性占比为59.78%，女性占比为40.22%。

（二）变量设计说明

1. 创业活动

创业作为个人的职业类型之一，与其他职业类型相比具有鲜明的“自我雇佣”特征。本章将当前职业状态具有“自我雇佣”特征的个体视为创业者。具体采用问卷中“你当前从事的第一份或第二份工作的性质是什么”进行测量，答案设置有：①受雇于他人或单位（签订正规劳动合同）；②临时性工作（没有签订正规劳动合同）；③务农；④经营个体或私营企业、自主创业、开网店；⑤自由职业；⑥其他六种类型。按照职业特征，将任意一份工作状态类型选择“经营个体或私营企业、自主创业、开网店”的个体定义为创业者，其他情况视为非创业者。

在2015年调查样本中，受访创业者2839人，占总人数的13.7%。东部地区创业比例为15.04%，中部地区和西部地区相对较低，分别为12.90%和12.13%。城镇户籍创业者比例15.02%，农村户籍创业者比例13.05%（见表6-1）。

表6-1　创业者的地区分布

	东部	中部	西部	合计
创业（%）	15.04	12.90	12.13	13.70
	(1496)	(720)	(623)	(2839)
非创业（%）	84.96	87.10	87.87	86.30
	(8451)	(4860)	(4514)	(17825)

2. 风险态度

风险态度为本章的核心解释变量之一。2015年中国家庭金融调查直接询问了受访者的投资风险态度，题目为：“如果你有一笔资金用于投资，你最愿意选择哪种投资？”选项有：①高风险、高回报项目；②略高风险、略高回报项目；③平均风险、平均回报项目；④略低风险、略低回报项目；⑤不愿承担任何风险五种类型。将选项反向编码后得到变量风险态度，取值范围为1~5，数值越大表明投资者风险偏好越强。

3. 借贷参与

借贷参与是本章另一核心解释变量。根据借贷获得渠道将借贷参与分为正规参与和非正规参与两类，在此基础上，根据借贷是否应用于创业活动区分出经营型借贷与消费型借贷，将两个维度进行组合得到四类借贷参与情况。

具体来说，正规借贷采用问卷中“你是否因生产经营、教育、购房、购车、土地有尚未还清的银行贷款”衡量，只包括已经获得借贷者，不包括想要申请或正在申请者。非正规借贷采用“您是否因生产经营、教育、车辆、土地、房屋、医疗或其他有尚未还清的民间借款”予以测量。问卷还具体询问了每笔借贷的用途，具体有“农业经营、工商业经营、教育、车辆、住房、医疗、其他非金融资产、其他原因”八类，文中将前两者界定为经营用途，后六类界定为消费用途，形成正规经营借贷参与、正规消费借贷参与、非正规经营借贷参与、非正规消费借贷参与四个变量。具有该型借贷参与类型的编码为1，反之编码为0。

4. 控制变量

影响创业的因素较多，参考以往研究，选择了年龄、性别、婚姻状况、受教育程度、自评健康、家庭资产对数、所处地区作为控制变量，以减少在解释分析中的偏差。值得注意的是，随着金融市场不断完善，可供大众选择的风险性投资渠道日益增多，对风险资产投资不仅能替代性满足个体对风险的偏好需求，还会减少创业可调用的资金，在创业分析中同样不可忽视。因此本章将高风险资产持有作为控制变量纳入模型。去掉数据缺失样本后，最终的样本量为20664个。变量描述性统计分析见表6-2。

表 6-2　变量描述性统计分析

变量	编码	百分比	变量	编码	百分比
创业活动	有	13.74	婚姻状况	已婚	89.07
	无	86.26		未婚	10.93
性别	男	40.25	正规借贷—经营	有	4.38
	女	59.75		无	95.62
年龄	≤29	9.09	正规借贷—消费	有	12.88
	30~39	19.08		无	87.12
	40~49	31.43	非正规借贷—经营	有	7.55
	50~59	25.47		无	92.45
	≥60	14.93	非正规借贷—消费	有	12.94
受教育程度	≤小学	29.82		无	87.06
	初中	32.26	高风险资产持有	有	14.39
	高中	18.37		无	85.61
	≥大专	19.55			

	最小值	最大值	均值	标准差
风险态度	1	5	2.08	1.215
自评健康	1	5	3.57	0.921
家庭资产对数	2.30	16.81	12.68	1.536

（三）研究模型构建

鉴于解释变量为居民是否创业，是二分类变量，故选择 Logistic 模型进行分析，模型设置如下

$$\text{Logit}\ (Entre_i=1)\ =\ \beta_0+\beta_1 Risk+\beta_2 Borr\_ZJ+\beta_3 Borr\_ZX+\beta_4 Borr\_FJ+\beta_5 Borr\_FX+\beta_6 Control+\varepsilon$$

其中，$Entre_i$ 是个体是否参与创业活动；$Risk$ 表示风险偏好；借贷参与包括正规经营借贷、正规消费借贷、非正规经营借贷、非正规消费借贷四种类型，分别采用 $Borr\_ZJ$、$Borr\_ZX$、$Borr\_FJ$、$Borr\_FX$ 予以表示；

Control 为控制变量组；ε 是模型中未观察变量对创业的影响。

（四）实证结果与分析

1. 不同风险态度下创业比例差异

为了更好地比较不同风险态度下创业活动参与的比例差异，本部分将风险态度变量按以往文献中的方法进行编码，操作分为风险规避、风险中立、风险偏好三类。统计结果显示，中国居民持风险规避、风险中立和风险偏好的比例分别为65.47%、22.36%和12.18%，可以认为规避风险仍是中国居民在金融资产配置上的主要特征。持中立与偏好风险态度的群体创业比例相近，分别为17.41%和17.06%，高于风险规避者12.59%的创业比例（见表6-3）。

表6-3 不同风险态度下的创业比例

	未创业	创业	总计
风险规避（%）	84.71	12.59	65.47
	(10841)	(1562)	(12403)
风险中立（%）	82.59	17.41	22.36
	(3501)	(738)	(4239)
风险偏好（%）	82.94	17.06	12.18
	(1915)	(394)	(2309)
合计（%）	85.78	14.22	100
	(16257)	(2694)	(18951)

2. 不同借贷参与类型下创业比例差异

借贷能够为创业者提供流动性资金，但不同借贷参与类型对创业比例的影响并不一致。创业比例和借贷用途呈现较强的关联，获得经营性借贷的创业活动比例明显高于未获得者，正规经营借贷、非正规经营借贷获得者的创业比例比未获得者分别高出21.80%、14.26%；但获得非正规消费类借贷后创业的比例反而更低，比未获得者低5.42%。尽管正规消费借贷者的创业比例也略高于其未获得者，两者之差为3.94%，但这远低于正规经营借贷者与其未获得者之间的创业比例差（见表6-4）。

表6-4 不同借贷参与的创业比例

	正规—经营	正规—消费	非正规—经营	非正规—消费
获得（%）	36.35	17.17	26.92	9.02
未获得（%）	14.55	13.23	12.66	14.44

3. 不同群体的创业比例差异

创业的比例在不同年龄、受教育程度、婚姻的分布也有差异。具体而言，创业比例随年龄先上升后下降，30~39岁年龄组受访者进行创业活动的比例最高，有19.30%受访者回答采用自我雇佣的工作方式，50岁以上的受访者创业比例明显下降，创业比例仅为11.15%，60岁以上年龄组创业比例更是降低到5%左右。从教育程度看，高中教育程度受访者的创业参与比例最高，几乎达到小学及以下教育程度组受访者的3倍，而大专及以上教育程度受访者的创业比例却仅为10.68%。已婚群体参与创业的比例为14.11%，比未婚群体高出3.44%。不同自评健康水平的受访者创业比例也存在较大差异，自评健康越好的群体创业比例越高，自评健康较差群组的创业比例不到自评健康较好的群组的二分之一，健康是制约创业活动的重要因素（见表6-5）。

表6-5 不同群体的创业比例

		创业		非创业	
	分组	百分比（%）	样本量	百分比（%）	样本量
年龄	≤29	16.03	356	83.97	1841
	30~39	19.30	799	80.70	3351
	40~49	15.81	1046	84.19	5661
	50~59	11.15	506	88.85	4467
	≥60	5.28	132	94.72	2505

续表

		创业		非创业	
教育程度	≤小学	7.93	488	92.07	5669
	初中	17.55	1169	82.45	5492
	高中	19.74	749	80.26	3045
	≥大专	10.68	431	89.32	3605
婚姻状况	已婚	14.11	2596	85.89	15802
	未婚	10.67	241	89.33	2017
自评健康	较差	7.51	202	92.49	2489
	一般	12.27	983	87.73	7029
	较好	16.61	1654	83.39	8304

4. 风险态度、借贷参与和创业活动的模型分析

（1）基础分析结果

将各个因素纳入回归模型后，笔者来分析其对创业的影响作用。表6-6报告了风险态度、借贷参与和创业活动的回归分析结果。模型1仅考虑了风险态度对创业的影响情况，从模型2到模型5分别将借贷的各种类型纳入方程，最后将风险态度、借贷参与类型同时引入模型6。每个模型都纳入了控制变量。

模型1的结果显示，风险态度与创业活动间具有正向关系，偏好程度每提高一个等级，发生创业的比例提高5.10%。该结果验证了假设1：风险态度与创业活动间具有正向关系，越偏好高风险，创业的可能性越高。模型2纳入了正规经营型借贷，发现获得这一类型的借贷后，个体发生创业的可能性显著提高，获得者参与创业活动的可能性是未获得者的2.57倍。模型3中加入的自变量为正规消费型借贷，主要指从银行等正规机构获得的用于教育、住房、购车等消费用途的借贷，但此类借贷并未对创业活动表现出显著影响。模型4纳入了非正规来源的经营用途借贷，发现与正规经营借贷类似的，获得能支持经营活动的非正规渠道贷款也显著提高创业可能，获得者参与创业的可能性是未获得者的2.73倍。模型5则重点关注了非正规渠道的消费型借贷对创业的影响效果，结果发现在获得消费

类型的民间借贷显著降低了行动者参与创业的可能性，其创业可能性下降高达43%。从模型2到模型5的回归结果验证了本研究的假设2：无论借贷来自何种渠道，能够直接为生产经营活动提供资金支持的经营类借贷的获得都有助于创业活动的可实施性。但与假设3不一致的是，消费类借贷活动的参与对创业的影响因借贷来源的不同呈现出完全相反的结果：正规渠道的消费类借贷对创业并不具有显著影响，而获得来自亲友、非正规机构的消费用途借款对创业具有显著的抑制作用。

模型6报告了模型整体的回归结果，在加入了所有自变量后，模型的贝叶斯信息指数下降，解释力度较高。在纳入了所有变量后，尽管风险态度仍对创业有一定正向作用，但不再具有统计学上的显著意义。这与假设1中提出的风险态度与创业活动间具有正向关系的结论略有出入。与风险态度变量不同，在引入控制变量后，各类借贷参与对创业的影响方向与单个模型具有一致性，但系数发生波动。在获得正规经营、非正规经营类以及非正规消费借贷后，创业的可能性分别是未获得贷款者的2.05倍、2.63倍和0.50倍，说明直接用于生产经营的借贷以资金支持的形式保障了创业参与，而作为负债的借贷参与对创业活动具有负向影响，但这一结论仅适用于非正规渠道获得的消费借贷。这可能与两类借贷的参与群体差异密切相关，对样本进行分析发现，参与正规消费借贷的2685个样本中，有80%收入位于总体的前50%，而非正规消费借贷参与最多的收入组为50%~75%，个体经济实力更强的前者拥有更强的偿还能力，负债对创业的制约效力较为有限，而对于中低收入组来讲，即使是民间借贷，也会增加生活压力，降低参与创业的积极性。

围绕风险态度与借贷参与对创业的综合影响可以发现，风险态度对创业影响显著性因借贷参与的引入消失。这意味着风险态度确实能在一定程度上解释创业参与的差异，但借贷参与的影响力更强。在同等的资本条件下，偏好高风险群体会有更大的积极性参与创业。但能否实施创业活动关键还在于创业资本的获得，只有在现实创业条件具备的情况下，风险态度才能发挥对创业的影响。正规借贷尽管在可靠性等方面具有优势，但较为复杂的审核过程使其仅能覆盖到有限的创业者，多数个体仍需要寻求非正规借贷进一步提高创业的可实施性以及可持续性。

表 6-6　风险态度、借贷参与和创业活动的 Logistic 回归模型分析

	(1)	(2)	(3)	(4)	(5)	(6)
	风险态度	正规经营	正规消费	非正规经营	非正规消费	总体模型
风险态度	1.051***					1.033
	(0.02)					(0.02)
正规经营		2.566***				2.054***
		(0.20)				(0.18)
正规消费			0.914			0.934
			(0.06)			(0.06)
非正规经营				2.728***		2.630***
				(0.19)		(0.20)
非正规消费					0.567***	0.499***
					(0.04)	(0.04)
≤29 岁						
30~39 岁	1.061	1.027	1.041	1.031	1.039	1.034
	(0.09)	(0.09)	(0.09)	(0.09)	(0.09)	(0.09)
40~49 岁	0.791***	0.767***	0.761***	0.765***	0.759***	0.776***
	(0.07)	(0.07)	(0.06)	(0.07)	(0.06)	(0.07)
50~59 岁	0.555***	0.524***	0.509***	0.527***	0.504***	0.558***
	(0.05)	(0.05)	(0.05)	(0.05)	(0.05)	(0.05)
≥60 岁	0.366***	0.345***	0.324***	0.344***	0.312***	0.371***
	(0.04)	(0.04)	(0.04)	(0.04)	(0.04)	(0.05)
男性	1.010	0.993	1.015	1.007	1.016	0.990
	(0.05)	(0.05)	(0.05)	(0.05)	(0.05)	(0.05)
小学及以下						
初中	1.502***	1.490***	1.477***	1.511***	1.454***	1.529***
	(0.10)	(0.10)	(0.09)	(0.10)	(0.09)	(0.10)
高中	1.338***	1.325***	1.318***	1.367***	1.290***	1.383***
	(0.11)	(0.10)	(0.10)	(0.11)	(0.10)	(0.11)
大专及以上	0.362***	0.369***	0.365***	0.380***	0.349***	0.383***
	(0.04)	(0.04)	(0.04)	(0.04)	(0.03)	(0.04)

续表

	(1)	(2)	(3)	(4)	(5)	(6)
	风险态度	正规经营	正规消费	非正规经营	非正规消费	总体模型
已婚	1.110	1.076	1.105	1.087	1.113	1.101
	(0.10)	(0.09)	(0.09)	(0.09)	(0.09)	(0.09)
城镇	0.833 ***	0.886 **	0.843 ***	0.903 *	0.824 ***	0.898 *
	(0.05)	(0.05)	(0.05)	(0.06)	(0.05)	(0.06)
自评健康	1.124 ***	1.128 ***	1.122 ***	1.150 ***	1.109 ***	1.140 ***
	(0.03)	(0.03)	(0.03)	(0.03)	(0.03)	(0.03)
家庭资产	1.870 ***	1.831 ***	1.894 ***	1.875 ***	1.886 ***	1.820 ***
	(0.04)	(0.04)	(0.04)	(0.04)	(0.04)	(0.04)
高风险资产	0.782 ***	0.816 ***	0.802 ***	0.810 ***	0.785 ***	0.795 ***
	(0.05)	(0.06)	(0.05)	(0.05)	(0.05)	(0.06)
东部						
中部	1.220 ***	1.200 ***	1.239 ***	1.161 ***	1.266 ***	1.145 **
	(0.07)	(0.07)	(0.07)	(0.06)	(0.07)	(0.07)
西部	1.110 *	1.053	1.127 **	1.071	1.144 **	1.045
	(0.06)	(0.06)	(0.06)	(0.06)	(0.06)	(0.06)
样本数	18777	20463	20463	20463	20463	1878
Wald 检验值	1325.13	1586.34	1441.42	1584.33	1498.32	1589.80
对数似然比	-6767.69	-7125.51	-7188.11	-7091.99	-7157.22	-6598.04
伪 R^2	0.12	0.13	0.12	0.13	0.13	0.14
BIC	13702.67	14419.76	14544.97	14352.72	14483.20	13402.74

注：* p<0.05%，** p<0.1，*** p<0.01。表中数值为发生比（标准误）。

分年龄看，最愿意进行创业的年龄群体是16~29岁，40岁以后，创业积极性逐渐下降，40~49岁、50~59岁和60岁以上人群的创业发生比分别比16~29岁的群体低22.4%、44.2%和62.9%，尽管30~39岁群体在样本中进行创业活动的可能性更高，但这一结论无法推广到总体。目前进行创业活动最积极的是30岁以下群体，随着工作年限增加，职业转换成本逐渐提高，放弃原有职业进行创业活动的可能性降低；创业参与在性别方面没有表现出明显差异，这与以往认为男性更容易创业的结论并不一致。随着市场化程度提高，女性社会地位改变，两性在创业市场机会日渐平等化，性别已不再是制约女性创业参与的关键因素。

受教育程度方面，初中教育程度的受访者具有最高的创业可能性，创业发生比比小学文化及以下的受访者高52.9%；而教育水平最高群体的创业发生比最低，其创业发生比仅为小学群体的38.3%，这与其他学者的研究发现即认为教育程度越高，越不可能进行创业具有一致性。来自教育的红利已经让受到高教育水平的个体获得了不错的岗位，创业意味着放弃当前收入较高的稳定工作，机会成本更高。已婚与未婚人群的创业活动参与并无显著差异，相较于农村户籍而言，城镇居民参与创业活动的可能性要低10.2%，这与描述性分析中呈现的城镇创业比例更高的现象具有差异，可能因为城乡居民的创业活动活动差异很大程度上受到资金制约，仅考虑户籍差异时，城镇户籍创业比例更高，但在模型控制了家庭资产对数这一核心变量后，农村居民反而表现出更强参与创业活动的意愿。人们对自己身体健康程度的自信也会显著影响创业，健康自评等级每提高一个单位，创业发生比提高14.0%。好的身体状况是创业的保障，在此基础上，个体才能够完成创业各个阶段的参与，拥有较高的生产经营效率。家庭资产对创业活动有十分显著的影响，家庭资产高一个对数单位，进行创业的发生比是前一水平的1.82倍。

高风险资产持有对创业活动表现出了挤出效应。持有高风险资产后，进行创业的发生比下降21.5%，尽管同样在资产配置中购入股票、基金等高风险资产者表现出了较高的风险倾向，但因风险偏好已由参与高风险资产活动满足，并不会表现出对创业的热衷，反而会因流动性资金减少降低了创业参与。创业行为与外部经济政策环境同样有密切的联系，从区域来看，在控制其他条件，尤其是家庭财富的情况下，中部地区的创业发生比比东部地区高14.5%，这与描述性统计中出现的东部地区创业比例最高的现象相矛盾，这是因为创业很大程度上受到启动资金的制约，而家庭财富水平表现出明显的地区差异，因此在描述性统计中东部地区的创业比例远高于中部地区。但在同样的财富水平下，中部地区的个体却具有更多的创业活动。可以从创业需求和创业成本两个角度理解这一现象，东部地区经济发展水平更高，能够提供更多就业机会，无须因生存动机进行创业，在东部创业还面临更高的房屋、生产、人力成本，使得在东部地区的创业活动面临更大的挑战。

（2）风险态度为何失去解释效力

不同于以往研究中偏好风险者创业概率更高的结论，模型6中风险态度对创业的影响并不显著。为了进一步明确是何种因素影响了风险态度发挥作用，模型7引入了风险态度与各类借贷参与的交互项。

表6-7　风险态度与各类型借贷参与的交互分析

	(1) 风险态度	(6) 总体模型	(7) 交互项
风险态度	1.051***	1.033	1.021
	(0.02)	(0.02)	(0.02)
正规经营		2.054***	1.444*
		(0.18)	(0.28)
正规消费		0.934	1.089
		(0.06)	(0.15)
非正规经营		2.630***	2.154***
		(0.20)	(0.33)
非正规消费		0.499***	0.523***
		(0.04)	(0.08)
正规经营×风险态度			1.151**
			(0.08)
正规消费×风险态度			0.939
			(0.05)
非正规经营×风险态度			1.095
			(0.06)
非正规消费×风险态度			0.975
			(0.06)

注：* p<0.05%，** p<0.1，*** p<0.01。表中数值为发生比（标准误）。

表6-7的结果表明，能否获得正规金融机构经营类借贷对风险态度产生影响具有重要意义，能否实施创业的关键在于创业资本的获得，在现实创业条件具备的情况下，风险态度才能发挥对创业活动的影响，对于能够

获得借贷，尤其是正规经营性借贷的群体而言，高风险偏好才能展现出对创业的积极影响力。

(3) 影响效果的城乡差异比较

为了进一步验证分析模型的稳健性，本章按照户籍性质将样本分为城镇和农村进行讨论。[①] 结果发现风险态度对创业具有一定积极影响，但在农村地区并不显著；获得经营型借贷能够显著提高创业活动发生的可能性，在城镇地区的影响效力远大于农村地区；消费类型借贷会降低个体参与创业活动的可能性，城镇地区正规和非正规消费类借贷都降低创业活动参与可能，但在农村地区，只有非正规消费借贷显著抑制创业。创业农户通常进行规模小，周期长的创业活动，缺乏认可度高的抵押物，难以获得正规机构放贷，因此农村地区的创业活动对非正规借贷表现出更强的依赖性。总体而言，风险态度对创业具有一定正向影响，但影响力度较小。经营型借贷对创业活动具有显著正向作用，非正规消费型借贷对创业具有显著负向作用的结论是可信的，但对于风险态度和正规消费借贷在城镇和农村的差异表现，还需要进行进一步讨论。

五、风险态度、借贷行为与居民创业的关系

本章通过对 2015 年中国家庭金融调查数据的分析，对风险态度、借贷行为对创业活动的影响关系进行了讨论。研究发现，风险态度会影响个体的创业参与，在考虑借贷参与类型的条件下，风险态度虽具有一定积极表现，但仅在城镇地区发挥作用，且解释力度十分有限。而借贷参与对创业而言具有重要意义。生产经营用途的借贷对创业具有正向效应，无论是正规借贷还是非正规借贷的获得，都能显著提高行动者创业可能性；但出自非创业目的的消费性借贷负向影响创业活动，尤其是非正规渠道的借贷会显著降低创业的发生。此外，16~29 岁、初高中教育程度、家庭资产多

① 由于篇幅限制，Logit 模型的稳健性检验结果未予列示，其回归结果与 Probit 模型基本一致，读者如果有需要可向笔者索取。

的受访者创业可能性更大，教育程度为大学及以上的受访者创业可能性更低。在其他条件一致的情况下，生活在中部地区相较于东部地区而言拥有更高的创业积极性。

值得注意的是，正规借贷与非正规借贷对城镇创业影响并无显著差异，而非正规借贷参与对农村地区创业活动的影响力度明显强于正规借贷。这与金融服务的城乡差异密切相关，尽管金融体系发展便捷了正规借贷的获得，但审查机制、抵押品等申请门槛存在限制了正规借贷的普及性，尤其对基础设施相对落后，金融机构发展程度低的农村地区而言，正规信贷的获得更加困难；与此相反，非正规借贷与乡土文化的适应性使非正规借贷灵活交换信息，快速获得资金等优点得以发挥，有效克服资金不足所带来的创业问题。基于本章的分析可以发现，作为主观条件的风险态度对创业活动的影响较为有限。这可能与当下居民较为相似风险偏好程度有关。从调查结果来看，超过 60%居民持有厌恶风险的态度，这不仅反映了大众对风险投资活动缺乏信心，也反映了对金融市场知识与信息的掌握较为缺乏。面对当前居民偏保守的风险选择，在今后创业引导的过程中，可以从制度保障和资金支持两个方面入手，改变大众对于创业风险的固有态度。具体措施上，加强金融知识的宣传，降低信息流动的不对称都能有效发挥风险态度对创业的积极效应。

另外，作为客观条件的借贷参与对创业活动的影响根据渠道的不同具有明显的差异。从正规借贷入手推动创业参与，必须特别关注生产经营类贷款的申请和发放。为了规避不良贷款，银行在发经营类贷款时，要求申请人提供动产或不动产抵押，同时要求申请人提供经营证明，尽管这有利于已创业者经营活动的维系，但对初始阶段的创业者而言仍有较高门槛，部分个人经营贷款最低申请金额在 50 万元，也将部分创业者拒之门外。此外，城镇地区，农村的正规借贷的影响效力还有很大的发展空间。提高正规贷款的可及性，尤其关注农村区域经营类借贷的发展，能为创业创新带来更多活力。非正规借贷也是创业分析不能忽视的环节，它不仅仅能够弥补正规借贷的缺失，自身也是创业资金的重要来源，努力规范非正规借贷和激发非正规借贷在创业领域的潜能是目前迫切的任务。

本章分析还发现，当前对高教育程度群体的创业引导工作还有很大的发展空间，尽管在推动双创的背景下各地区先后推行了有利于高教育水平者创新创业的利好政策，如为大学生创业提供无抵押贷款，但尚未有力提高这一群体的创业参与度。如何助力该群体的创业参与，可以成为日后讨论的方向。最后，中部地区表现出的更强的创业积极性和因受财富制约表现出的较少创业之间的差距也值得我们重视，在今后的创业研究中，也有必要对不同地区的差异化需求进行持续和重点关注。

正如社会学家科尔曼指出的那样，个人行动的结果也影响他人，即个体行动也深受到宏观结构的影响，而微观行动的结合产生宏观水平的结果，即个体行动会产生宏观水平的变化。[①] 因此，这项研究虽然聚焦于个体的微观金融行为和创业活动，但在对于理解当今中国社会就业结构、方式和所遇挑战以及相应的社会政策设计也具有重要意义。当今中国社会产业结构转型升级，原有产业吸纳劳动力的作用有所减弱，尤其是新冠疫情导致诸多企业难以为继，后疫情时代，如何解决好就业问题成为关系社会稳定发展的重要民生问题。同时，随着互联网社会兴起为个体行动者提供了丰富的市场信息平台和广阔的社会交往空间，这一新的基础性社会制度设施日渐夯实为个体以“创业”开展就业提供了诸多新机会。这些研究结论从金融微观制度层面强调了构建多层次、多渠道金融资源供给体系，完善金融基础制度设施对于激励社会创新、促进社会就业、解决民生问题等都有重要意义。

① 詹姆斯·S. 科尔曼，社会理论的基础［M］. 北京：社会科学文献出版社，2008.

第七章　金融排斥与金融素养影响下的居民创业

2019年底新冠疫情的暴发，使国民经济和社会运行受到了严峻挑战，给中国的就业形势带来了深刻的影响。“稳就业”成为当前各级政府经济发展的重要任务之一。党的二十大报告明确提出，要“实施就业优先战略，强化就业优先政策，使人人都有通过勤奋劳动实现自身发展的机会”。这指明了就业工作的立足点和落脚点，彰显了就业“以人民为中心”的核心要义。因此，对双创问题的关注和对其影响因素的研究具有重要的现实意义和理论价值。

从创业环境看，虽然普惠金融的推进加速了金融产品和服务的不断创新，为大众创业、万众创新营造了良好的金融环境，提高了潜在创业者获得金融体系支持的可能性；然而尚不完善的金融制度使市场交易主体仍无法自由进出金融市场，资金借贷也并非完全由资金需求者的预期偿还能力决定。王修华等（2013）通过对1547户农户调查发现，农户有55.1%受到储蓄排斥，88.1%受到信贷排斥，大量的农户难以享受到正规金融服务。[①] 即使在北京这样的金融发达地区仍有居民受到金融排斥。[②] 而金融排斥对创业率也有显著的抑制作用。[③] 现有研究发现，即使一些市场主体预期具有良好的偿还潜力，但由于现有资产量较低、不具备必要的社会关系

---

① 王修华，傅勇，贺小金，等．中国农户受金融排斥状况研究——基于中国8省29县1547户农户的调研数据［J］．金融研究，2013（7）：139-152.

② 朱超，宁恩祺．金融发达地区是否存在金融排斥？——来自北京市老年人口的证据［J］．国际金融研究，2017（4）：3-13.

③ 陶云清，曹雨阳，张金林，等．数字金融对创业的影响——来自地区和中国家庭追踪调查（CFPS）的证据［J］．浙江大学学报（人文社会科学版），2021（1）：129-144.

或不够缴纳“金融租金”门槛，也不能以合理恰当的方式获得金融服务，难以跳脱当前的资金困局。[①] 这种机制不仅大大降低了家庭创业的可能性，也对创业后的企业经营绩效造成了消极影响，主要表现为金融资源配置效率降低和金融风险积聚膨胀等。因此成为经济发展和社会前进的桎梏。

事实上，创业成功与否不仅受到创业环境的制约，也会受到创业者自身的素养和能力的影响。金融素养是反映个体能力的重要指标，相较于学历和先前工作经验，金融素养更多反映的是人们认识金融知识，利用金融知识有效配置资源以实现财务保障的能力[②③]。金融素养的提高，有助于降低个人或者家庭受金融排斥的可能性，进而影响创业行为。回顾已有文献所提及的创业，大多指创业决策，即如何促进创业活动的发生。然而对创业绩效，即创业后的企业经营绩效缺乏一定的讨论。但事实上，开始创业并不意味着创业成功，创业活动的发展往往意味着创业者面临的各种约束条件更多，经营活动的风险更大。因此，关注创业决策的同时对创业后绩效的分析更有助于理解中国家庭创业的现状，为提高企业家创业积极性和创业动机，提升创业活动的实际成果和质量提供参考。

本章内容试图以金融排斥和金融素养作为切入点，探究金融素养在金融排斥影响家庭创业决策和创业绩效的过程中如何发挥调节作用。值得关注的内容有两点：一是本章在使用工具变量克服内生性的基础上，尝试从微观层面探究金融排斥对家庭创业及创业绩效的影响，为当前国内研究金融排斥问题提供微观层面的实证支持；二是不同于以往研究单纯关注创业与否，同时也对创业绩效加以考量，不仅关注“有没有”，而且讨论“好不好”的问题。从而进一步探索金融素养在缓解金融排斥、推进普惠金融、改善社会经济等方面的现实意义。

---

① 李建军，李俊成．普惠金融与创业：“授人以鱼”还是“授人以渔”？［J］．金融研究，2020（1）：69-87.

② 王宇熹，杨少华．金融素养理论研究新进展［J］．上海金融，2014（3）：26-33+116.

③ 尹志超，宋全云，吴雨，等．金融知识、创业决策和创业动机［J］．管理世界，2015（1）：87-98.

一、创业环境和个体因素影响下的创业

创业是一种创新行为，美国经济学家熊彼特在 1934 年出版的《经济发展理论》一书中认为"创新"是通过"引入一种新产品；采用一种新方法；开辟一个新市场；获得一种新原料；采用一种新组织形式"的方式把现存生产要素进行重新组合引入生产体系中，进而产生新的生产函数的过程。

现有研究一般从两个角度对创业行为进行分析，第一个角度主要从创业环境入手，从经济、政治和文化方面的因素对创业的影响进行分析，如流动性约束对创业行为的影响，政府制度对创业意愿的抑制作用，[①][②] 市场环境对创业行为的促进，[③] 以及文化环境的地域差异对创业活动的影响[④]。第二个角度是从个体层面入手，讨论如个人或家庭的财富水平、社会网络、风险态度、金融素养[⑤][⑥][⑦][⑧]等因素对创业行为的影响。总体来看，创业是市场交易主体通过重组各项生产要素资源、开辟新的生产领域或创新经营形式，以达到自身利益最大化的过程。

创业的成功一方面与其创业环境所提供的要素多寡和要素获取的难易程度紧密联系在一起。但与发达国家不同，发展中国家创业者会面临金融

---

① 陈刚．管制与创业——来自中国的微观证据［J］．管理世界，2015（5）：89-99+187-188.

② 朱红根，葛继红．政府规制对农业企业绿色创业影响的理论与实证——以江西省农业龙头企业为例［J］．华东经济管理，2018，32（11）：30-36.

③ Torrini，R. Cross-country differences in self-employment rates：The role of institutions［J］．Labour Economics，2005，12（5）：661-683.

④ 赵向阳，李海，Andreas Rauch. 创业活动的国家（地区）差异：文化与国家（地区）经济发展水平的交互作用［J］．管理世界，2012（8）：78-90+188.

⑤ 吴晓瑜，王敏，李力行．中国的高房价是否阻碍了创业？［J］．经济研究，2014，49（9）：121-134.

⑥ 柳建坤，何晓斌，张云亮．农户创业何以成功？——基于人力资本与社会资本双重视角的实证研究［J］．社会学评论，2020，8（3）：105-117.

⑦ 陈波．风险态度对回乡创业行为影响的实证研究［J］．管理世界，2009（3）：84-91.

⑧ 宋全云，吴雨，尹志超．金融素养与家庭创业存续［J］．科研管理，2020，41（11）：133-142.

排斥问题,[①] 中国居民创业过程中很难通过正规金融渠道进行资源配置。另一方面与创业者卓越的组织能力、对风险和机会的判断能力和对生产要素资源进行重新组合的能力相关，金融素养一定程度上能够反映创业者的组织和判断能力。针对欧洲企业的实验研究均表明，向创业者提供旨在提供其金融素养的培训项目可以显著提升其管理能力，进而增加企业的利润和销售量。因此，良好的创业环境和创业者的个人能力对创业行为和创业绩效发挥着不可替代的作用，对于金融排斥和金融素养的关注有利于深化创新发展理论的解释能力。

二、金融排斥及其对创业的影响研究

获得有效的金融服务能够促进创业行为的发生。金融排斥理论自 20 世纪 90 年代被提出后，一直受到众多学者广泛关注，其最基本的特征是部分群体无法通过适当的渠道获取必需的金融产品和服务。金融排斥的概念源于金融地理学，Leyshon 和 Thrift（1995）研究了居民与金融服务网点的实际距离对居民获得金融服务可得性的影响，研究指出贫困人口获取金融服务和金融产品存在困难，提出了金融排斥的概念。[②] Kempson 和 Whyley（1999）对金融排斥的概念进行扩充，指出金融排斥的原因除了地理因素的影响外，还包括评估排斥、条件排斥、价格排斥、市场排斥、自我排斥等因素。[③] Gloukoviezoff（2007）指出，金融需求者受到金融排斥是社会排斥的一种，金融排斥不仅仅是地理因素，还包括基金、保险、证券等金融产品和金融服务。[④]

---

① 李涛，王志芳，王海港，等．中国城市居民的金融受排斥状况研究［J］．经济研究，2010，45（7）：15-30.

② Leyshon，A. and N. Thrift. Geographies of financial exclusion：Financial abandonment in Britain and the United States［J］. Transactions of the Institute of British Geographers，1995：312-341.

③ Kempson，H. and C. Whyley. Understanding and combating financial exclusion［J］. Insurance Trends，1999，21：18-22.

④ Gloukoviezoff，G. From financial exclusion to overindebtedness：The paradox of difficulties for people on low incomes? New frontiers in banking services［M］. Springer，2007：213-245.

已有关于农户金融排斥的研究主要是从宏观和微观两个层面来展开。在宏观层面，现有研究主要关注区域发展和城乡二元方面，研究发现，金融规模与金融可及性在城乡和不同区域间具有显著差异，进而通过门槛效应和排斥效应扩大城乡收入差距和东中西部区域收入的不均衡。[①②] 在微观层面，现有研究主要关注金融排斥对个体和家庭的影响，如金融排斥对家庭金融参与、居民就业等行为的影响，[③] 以及对金融排斥产生的原因关注，如社会网络、人格特质、家庭财富水平、金融素养等因素对金融排斥的影响。[④⑤⑥] 总体来说，金融排斥主要会限制部分群体获取必需金融产品和服务的渠道，进而对该群体行为选择和决策产生影响。

创业是重组和整合各项生产要素的过程。当遭遇金融排斥时，部分创业者被排斥在获取生产要素的基本途径之外，使其无法从正规金融体系中获取支持，进而更容易遭受到流动性约束，[⑦] 从而对创业者的创业行为以及他们创业后的绩效产生影响。基于此，本章提出以下假设。

假设 1：金融排斥对创业决策和创业绩效存在负向效应。

三、金融素养及其对创业的影响研究

2014 年世界银行的调查显示，金融产品和服务知识的缺乏严重阻碍了家庭金融账户的获取。虽然中国普惠金融的迅速发展使金融可及性得到了显著提高，但金融排斥依旧存在，一部分家庭仍被排除在正规金融体系之

---

① 许圣道，田霖．中国农村地区金融排斥研究［J］．金融研究，2008（7）：195-206

② 田霖．中国金融排斥的城乡二元性研究［J］．中国工业经济，2011（2）：36-45+141

③ 孙武军，林惠敏．金融排斥、社会互动和家庭资产配置［J］．中央财经大学学报，2018（3）：21-38.

④ 丁博，赵纯凯，奚君羊．宗教信仰对家庭金融排斥的影响研究——来自 CHFS 2013 的经验证据［J］．社会学评论，2021，9（1）：125-143.

⑤ 李涛，王志芳，王海港，等．中国城市居民的金融受排斥状况研究［J］．经济研究，2010，45（7）：15-30.

⑥ 尹志超，宋全云，吴雨，等．金融知识、创业决策和创业动机［J］．管理世界，2015（1）：87-98.

⑦ 蔡栋梁，邱黎源，孟晓雨，等．流动性约束、社会资本与家庭创业决策——基于 CHFS 数据的实证研究［J］．管理世界，2018，34（9）：79-94.

外。如何婧（2017）研究发现，某些群体遭遇金融排斥是由于不具备相应的金融知识，无法获得金融信息等原因导致的。[①] 因此，金融素养较高的个人和家庭受到金融排斥影响的可能性更小。

除了对金融排斥现象的关注，近年来国内外学者也日益强调金融素养对金融投资的重要作用。Corr（2006）认为，金融知识对人们生活的影响越来越大，金融知识的水平是居民能否被纳入金融体系的重要因素；[②] 曾志耕等（2015）发现，金融知识水平越高的家庭，金融市场参与的可能性越高，金融资产投资的类型越丰富。[③] 创业作为风险投资的一种形式，是家庭资产配置的一种结果。金融素养水平影响了家庭金融市场参与和风险资产配置比例，还会通过影响信贷融资方面对创业行为产生影响。[④⑤] 现有研究表明，金融素养的提升可有效改善家庭借款渠道偏好、改善家庭正规信贷需求、提高家庭正规信贷可得性。[⑥⑦]

除此之外，金融素养对于创业行为的影响还具有城乡差异，相较于城市家庭，金融素养对于农村家庭的边际效用更强。在金融素养一致的情况下，农村家庭更有可能选择创业。[⑧] 总体而言，国内对于金融素养、金融素养与创业行为的关系已有较为深入的研究，但梳理后不难发现：第一，以往研究更多着眼于金融素养对家庭创业决策的影响，而较少关注金融素养对创业存续的影响；第二，以往研究更多着眼于金融素养对家庭融资约束和金融市场参与的影响，而忽视金融素养对被排斥在金融市场外的

---

① 何婧，田雅群，刘甜，等．互联网金融离农户有多远——欠发达地区农户互联网金融排斥及影响因素分析［J］．财贸经济，2017，38（11）：70-84.

② Corr，C. Financial Exclusion in Ireland：An Exploratory Study and Policy Review［M］. Dublin：Combat Poverty Agency，2006.

③ 曾志耕，何青，吴雨，等．金融知识与家庭投资组合多样性［J］．经济学家，2015（6）：88-96.

④ Hastings，J. S. and L. Tejeda-Ashton. Financial literacy，information，and demand elasticity：Survey and experimental evidence from Mexico［J］. National Bureau of Economic Research，2008.

⑤ 吕学梁，吴卫星．金融排斥对于家庭投资组合的影响——基于中国数据的分析［J］．上海金融，2017（6）：34-41.

⑥ 苏岚岚，孔荣．农民金融素养与农村要素市场发育的互动关联机理研究［J］．中国农村观察，2019（2）：61-77.

⑦ 贾立，谭雯，阿布木乃．金融素养、家庭财富与家庭创业决策［J］．西南金融，2021（1）：83-96.

⑧ 赵朋飞，王宏健，赵曦．人力资本对城乡家庭创业的差异影响研究——基于 CHFS 调查数据的实证分析［J］．人口与经济，2015（3）：89-97.

家庭创业行为的影响。基于此，本章提出以下假设。

假设 2：金融素养对创业决策和创业绩效具有正向效应。

假设 3：金融素养会削弱金融排斥对家庭创业的负向作用。

四、基于 2019 年中国家庭金融调查的实证分析

（一）数据来源

本章使用的数据来源于 2019 年的“中国家庭金融调查”（CHFS）。该调查采用分层、三阶段与规模度量成比例（PPS）方法及重点抽样相结合的抽样设计，覆盖全国 29 个省（自治区、直辖市），170 个城市，345 个区县，1360 个村（居）委会，样本规模达 34643 户，数据具有很好的代表性，是国内首个高质量的国家金融状况数据库。研究分别剔除了样本缺失值、户主样本年龄小于 18 周岁和大于 80 周岁的数据，共获得样本 17735 个。

（二）变量测量

1. 被解释变量

创业决策由户主职业身份进行转换，从事工资性工作为非创业，反之视为创业。根据问卷中“家庭是否从事工商业生产经营项目”构建虚拟变量，选择是赋值为 1，反之为 0。创业绩效主要是指家庭创业活动中所产生的经济效益。研究选择创业正在进行最主要项目的净利润作为测量指标。将创业活动的范围确定为工商业生产经营活动，包括个体户、租赁、运输、网店、经营企业等，但不包括传统的农业生产经营，如农、林、牧等。

2. 解释变量

金融排斥：金融排斥指部分群体并不能够正常获取或使用保证其在社会上正常生活的金融服务和产品，包括银行交易业务、储蓄、信贷，与之对应的是三种金融排斥：银行交易业务排斥、储蓄排斥和信贷排斥。对于金融排斥，当前并没有统一的度量方法。英国金融服务局、英国银行家协会等机构均采用是否拥有金融账户描述居民受到的金融排斥状况。这也是大部分从家庭层面研究金融排斥文献采用的方法。张号栋和尹志超（2016）采用是否拥有相应的账户作为度量指标。[①] 本章借鉴前述的方法，用“是否拥有金融账户”来度量金融排斥。其中家庭没有活期存款账户表示受到银行交易业务排斥、没有定期存款账户表示受到储蓄排斥，在信贷方面，以申请银行贷款但被拒绝以及需要银行贷款却没有申请来表示受到了信贷排斥。只要存在以上三种金融排斥中的一种，就认为该家庭受到了金融排斥，取值为1，否则取值为0。

金融素养：参考以往研究的做法，研究将CHFS2019对于利率计算、通货膨胀理解和投资风险认识的三个问题操作化考察受访者金融素养的变量。[②] 首先对受访者的回答进行区分，判断受访者是回答错误还是回答不出来或者不知道，代表不同的金融知识水平，基于此，构建两个虚拟变量：第一虚拟变量用来测量回答是否正确（错误=0，正确=1）；第二个虚拟变量用来测量是否直接回答，将回答不知道或算不出来视为间接回答（间接回答=0，直接回答=1），我们对六个虚拟变量进行因子分析，并提取出一个公因子，将其定义为金融素养。KMO检验和Bartlett球形检验通过，说明六个虚拟变量进行因子分析是合理的，克朗巴哈系数（Alpha系数）=0.733，说明上述变量测量金融素养具有较好的信度（见表7-1）。

① 张号栋，尹志超．金融知识和中国家庭的金融排斥——基于CHFS数据的实证研究［J］．金融研究，2016（7）：80-95.

② 尹志超，宋全云，吴雨．金融知识、投资经验与家庭资产选择［J］．经济研究，2014，49（4）：62-75.

表 7-1　因子分析结果

	因子载荷
利率问题回答正确	0.859
利率问题回答不知道算不出	0.632
通货膨胀问题回答正确	0.702
通货膨胀问题回答不知道算不出	0.061
投资问题回答正确	0.335
投资问题回答不知道算不出	0.001
KMO 值	0.671
Bartlett 球形检验	x^2=19593.64，P<0.001
克朗巴哈系数（Alpha 系数）	0.733

3. 控制变量

借鉴现有研究成果，本章选取性别、年龄、婚姻状况、政治身份和受教育程度 5 个变量反映居民个体特征；选取家庭年收入、家庭资产状况、储蓄率、家庭财富情况和住房情况来反映家庭经济特征；选择城市虚拟变量和省级虚拟变量以尽量避免地区差别带来的影响。以下为所用变量的描述性统计（见表 7-2）。

表 7-2　变量界定与描述性统计

	变量定义	频数	比例（%）	均值	标准差	最小值	最大值
创业决策	创业=1	2591	14.61				
	未创业=0	15140	85.39				
创业绩效	最主要项目的净利润			557506.8	1483333	0	8000000
创业绩效的（对数）	最主要项目的净利润的对数			11.66	1.80	2.30	15.89
金融排斥	无相关金融账户=1	15352	86.56				
	有相关金融账户=0	2383	13.44				
金融素养	金融素养			0.0001	0.91	-1.60	0.91
年龄	户主年龄			49.00	15.32	18.00	80.00

续表

	变量定义	频数	比例（%）	均值	标准差	最小值	最大值
性别	男=1	8736	49.26				
	女=0	8999	50.74				
婚姻状况	已婚=1	1903	89.27				
	未婚=0	15832	10.73				
受教育程度	小学及以下=1	3250	18.33				
	初中及高中=2	7260	40.94				
	专科教育=3	3753	21.16				
	本科及以上=4	3472	19.58				
政治身份	党员=1	3427	80.69				
	非党员=0	14308	19.31				
住房状况	自有住房=1	14931	84.27				
	非自有住房=0	2788	15.73				
家庭年收入	家庭年收入			142113.40	333314.95	0.00	12122418.00
家庭年收入（对数）	家庭年收入对数			11.21	1.36	0.56	16.31
家庭所在城市	一线及新一线城市=1	6680	37.67				
	二线城市=2	2762	15.57				
	三线城市及以下=3	8293	46.76				
家庭所在地区	东部=1	8283	46.77				
	中部=2	3251	18.33				
	西部=3	5019	28.30				
	东北=4	1182	6.60				

（三）研究方法

研究首先将分析金融排斥和金融素养对家庭创业决策的影响，由于被解释变量是二分类变量，故采用 Probit 模型：

$$\text{Prob}\ (F_i=1 \mid E_i,\ K_i)=\Phi\ (\alpha_0+\alpha E_i+\alpha K_i+\varepsilon_i) \tag{7-1}$$

然后对创业绩效进行分析，由于创业绩效具有阶段特点，采用 Tobit 模型：

$$\ln(\text{Entrepreneurial\_Income}) = \alpha_0+\alpha_1 E_i+\alpha K_i+\varepsilon_i \quad (7-2)$$

由于样本中约20%的创业家庭没有盈利，仅仅维持收支持平，即家庭创业回报中存在大量0值，因此使用Tobit截尾回归模型，将0设为左删失值。其中，E_i为解释变量，包括主观、金融素养，K_i和X_i为控制变量，ε_i为误差项。

（四）工具变量

金融素养作为一种内在能力，可能会在一定程度上导致模型存在内生性问题。一方面，金融素养越高，其获取金融资源的能力通常越强，更能缓解金融排斥带来的抑制效应，进而影响家庭创业决策和创业绩效；另一方面，家庭选择创业和创业过程中实现要素整合提高企业绩效本身可能也会提升金融素养，进而缓解企业所面临的金融排斥。因此，需要对回归方程的内生性进行讨论。研究借鉴以往文献的做法，选取家庭所在社区的平均金融素养作为金融素养的工具变量。一般来说，家庭的金融素养会受到社区金融发展水平和金融知识学习氛围的影响，良好的社区金融发展水平和金融知识的学习氛围会对该地区的家庭产生潜移默化的影响，但是社区的平均金融素养不会直接影响个别家庭的经济行为，因此该工具变量选取是合理的。

五、金融排斥、金融素养对创业决策和创业绩效的影响

表7-3为金融排斥、金融素养对家庭创业影响的回归结果，其中模型1和模型2是家庭创业决策的Probit回归结果，模型4和模型5是家庭创业绩效的Tobit回归结果。模型1和模型4的结果显示金融排斥对家庭创业决策和家庭创业绩效均有显著的负向影响，模型1金融排斥的估计系数为-0.109，在1%的水平上显著，表明受到金融排斥的家庭参与选择创业的可能性比没有受到金融排斥的家庭降低了51.6%。模型4金融排斥的估计系数为-0.438，在5%的水平上显著，假设1得到验证。

模型 2 和模型 5 表明金融素养对家庭创业决策和家庭创业绩效均有显著促进作用，金融素养对创业决策和创业绩效的边际效应分别为 0.011 和 0.277，并在 1%的水平上显著。由此可见，金融素养能够促进家庭的创业行为并提升创业存续期的企业绩效，假设 2 得到验证。

模型的变化展示了金融素养对金融排斥的抑制作用，在加入金融素养后（模型 2），金融排斥的边际效用从-0.109 下降至-0.102，且结果在 5%的水平上显著为正，说明金融素养越高的家庭，其创业决策受到金融排斥的负向影响越小。在加入金融素养后（模型 5），金融排斥对创业绩效的边际效用从-0.375 降至-0.248，且金融排斥对创业绩效的影响变为不显著，说明金融素养可以显著降低金融排斥对创业绩效的负向作用。假设 3 得到验证。

表 7-3 中的模型 3 和模型 6 分别为创业决策和创业绩效加入工具变量的内生性检验回归结果。模型 3 和模型 6 的 Wald 内生性检验的 P 值均小于 0.05，拒绝了外生性假定，表明金融素养存在内生性问题；一阶段的 F 值也表明不存在弱工具变量问题。加入工具变量后，金融素养对创业决策有显著正向影响，金融排斥对创业绩效的影响变为不显著，结果仍然支持金融素养能够抑制金融排斥的负面效应、促进家庭创业决策和提升创业绩效的结论。

在控制变量方面，高收入家庭选择创业来实现财富积累的可能性更高，也更可能在创业存续期内提升企业的绩效。从城市水平看，虽然一线及新一线城市的创业可能性相较于三线及以下城市的家庭更低，但创业后绩效水平更高。从地区来看，相较于西部地区、东部地区、中部地区和东北地区的家庭更倾向于创业并能获取更好的收益。从户主特征来看，年轻已婚男性的户主更倾向于选择创业。相对而言，这部分群体更有可能拥有较多的金融知识和较高的抗风险能力。

表 7-3　金融排斥、金融素养与家庭创业

	创业决策			创业绩效		
	模型 1	模型 2	模型 3	模型 4	模型 5	模型 6
金融排斥	-0.098***	-0.092***	-0.379***	-0.367**	-0.249	-0.153
	(0.010)	(0.010)	(0.053)	(0.177)	(0.176)	(0.183)
金融素养		0.011***	0.158***		0.285***	0.417***
		(0.003)	(0.036)		(0.045)	(0.155)
年龄	-0.005***	-0.005***	-0.023***	-0.012***	-0.013***	-0.013***
	(0.000)	(0.000)	(0.001)	(0.004)	(0.004)	(0.004)
性别	0.014***	0.014***	0.071***	-0.002	-0.004	-0.005
	(0.005)	(0.005)	(0.024)	(0.076)	(0.075)	(0.075)
婚姻状况	0.086***	0.086***	0.402***	0.496***	0.502***	-0.506***
	(0.010)	(0.010)	(0.045)	(0.147)	(0.145)	(0.142)
受教育程度						
小学及以下=1	—	—	—	—	—	—
初中及高中=2	0.009	0.006	-0.004	0.056	0.033	0.010
	(0.009)	(0.009)	(0.042)	(0.132)	(0.130)	(0.131)
专科教育=3	-0.037***	-0.042***	-0.244***	0.173	0.109	0.031
	(0.010)	(0.011)	(0.051)	(0.154)	(0.152)	(0.155)
本科及以上=4	-0.067***	-0.073***	-0.443***	0.250	0.144	0.043
	(0.011)	(0.011)	(0.058)	(0.170)	(0.169)	(0.175)
政治身份	-0.052***	-0.052***	-0.247***	-0.080	-0.078	-0.077
	(0.008)	(0.008)	(0.036)	(0.120)	(0.119)	(0.120)
住房状况	-0.005	-0.005	-0.019	-0.130	-0.119	-0.110
	(0.007)	(0.007)	(0.033)	(0.097)	(0.096)	(0.097)
家庭收入	0.011***	0.011***	0.042***	0.331***	0.318***	0.310***
	(0.002)	(0.002)	(0.011)	(0.024)	(0.024)	(0.025)
家庭所在城市						
三线城市及以下	—	—	—	—	—	—
一线及新一线城市	-0.014**	-0.016**	-0.093**	0.596***	0.601***	0.603***
	(0.006)	(0.006)	(0.038)	(0.089)	(0.088)	(0.088)
二线城市	0.007	0.007	0.21	0.676***	0.709***	0.723***
	(0.008)	(0.008)	(0.032)	(0.113)	(0.112)	(0.113)

续表

	创业决策			创业绩效		
	模型 1	模型 2	模型 3	模型 4	模型 5	模型 6
家庭所在地区						
西部	—	—	—	—	—	—
东部	0.039***	0.039***	0.193***	0.369***	0.383***	0.389***
	(0.006)	(0.006)	(0.035)	(0.094)	(0.093)	(0.093)
中部	0.049***	0.049***	0.242***	0.466***	0.494***	0.506**
	(0.007)	(0.007)	(0.032)	(0.102)	(0.101)	(0.172)
东北	0.034***	0.034***	0.169***	0.502***	0.496***	0.493***
	(0.012)	(0.012)	(0.055)	(0.176)	(0.174)	(0.172)
N	17183	17183	15757	1937	1937	1937
Pseudo R^2/ R^2	0.059	0.061		0.047	0.052	
Wald x^2 (11)			796.71**			425.98***
F值			573.03			32.91

注：括号内报告的数值为标准误；** p<0.05，*** p<0.01。

六、金融排斥背景下金融素养对家庭创业的调节作用

为了进一步了解金融素养对遭受金融排斥的家庭创业决策和创业绩效所发挥的调节作用，表7-4通过构建金融排斥和金融素养的交互项来检验金融素养的调节作用。表7-4模型1中金融排斥对创业决策有显著负向影响，金融素养对创业决策有显著正向影响，金融排斥和金融素养的交互项为正，系数为0.043且在5%的水平上显著。表7-4模型3中金融排斥对创业绩效的负向效应并不显著，金融素养对创业绩效有显著正向效应，系数同表7-3差距变化不大，但金融排斥与金融素养的交互项在1%的水平上显著为正，这意味着相较于未遭受到金融排斥的样本，遭受到金融排斥的群体在选择创业时，金融素养对其促进作用更加显著。换句话说，创业者通过内化金融知识提升金融素养的方式来选择创业实现财富积累，并更

有可能促进创业绩效的发展。

表 7-4　金融排斥样本中金融素养对家庭创业的影响

	创业决策		创业绩效	
	模型 1	模型 2	模型 3	模型 4
金融排斥	-0.078***	-0.300***	-0.200	-0.058
	(0.012)	(0.095)	(0.182)	(0.202)
金融素养	0.008**	0.025	0.244***	0.208***
	(0.003)	(0.021)	(0.046)	(0.052)
金融排斥×金融素养	0.043***	0.309**	0.489***	1.027***
控制变量	控制	控制	控制	控制
Pseudo R^2/ R^2	0.061		0.054	
Wald x^2 (12)		2346.84***		461.78***
F 值		747.93		85.24

注：括号内报告的数值为标准误；** $p<0.05$，*** $p<0.01$。

从微观的角度定义金融排斥，通常难以识别家庭没有金融账户是由于受到家庭收入的影响（对基本金融服务没有需求）还是由于金融环境所导致。因此，研究对不同收入水平等级的样本家庭进行分组回归检验。结果显示，低收入水平和中等收入水平的家庭中金融排斥对其创业决策具有显著负向影响，对中等收入家庭的创业绩效影响并不显著，金融排斥对高等收入家庭的创业决策和创业绩效的影响都不显著。可能的解释是因为低收入和中等收入家庭相较于高收入水平的家庭在创业过程中更容易面临流动性约束，因而遭受到金融排斥时更可能产生负面影响；而金融素养对于低收入水平和中等收入水平的家庭均具有显著正向影响，说明金融素养能够对中低收入家庭创业提供正向支持，并且缓解中低收入家庭受到金融排斥的负向影响。而高收入家庭由于创业过程中面临的资金流动性压力较小，因此金融排斥对其并无显著负向影响。因此，在极大地排除了收入水平对变量设定的影响之后，研究依旧证实了金融排斥对家庭创业存在抑制作用和金融素养对家庭创业存在正向促进作用的结论（见表 7-5）。

表 7-5　稳健性检验

	替换关键变量		低收入水平		中等收入水平		高收入水平	
	模型 1	模型 2	模型 3	模型 4	模型 5	模型 6	模型 7	模型 8
金融排斥	-0.103***	-0.287	-0.100***	-0.497**	-0.051***	-0.379	0.025	0.129
	(0.010)	(0.176)	(0.012)	(0.208)	(0.018)	(0.300)	(0.031)	(0.357)
金融素养	0.008***	0.281***	0.025***	0.119**	0.010**	0.610***	-0.017***	0.084
	(0.003)	(0.037)	(0.005)	(0.060)	(0.005)	(0.080)	(0.006)	(0.074)
控制变量	控制	控制	控制	控制	控制	控制	控制	控制
N	17183	1937	5383	531	5897	589	5903	817
R^2	0.049	0.072	0.129	0.52	0.055	0.049	0.091	0.072

注：括号内报告的数值为标准误；** $p<0.05$，*** $p<0.01$。

七、对研究结论的反思与讨论

本章基于中国家庭金融调查（CHFS）2019 年的数据，实证检验了金融排斥与金融素养对中国家庭创业的影响。首先，探究了金融排斥和金融素养对家庭创业决策和创业绩效的影响，然后进一步探讨了遭受到金融排斥的样本中金融素养对家庭创业决策和创业绩效的影响状况。

结果发现：（1）金融排斥会显著降低家庭创业决策的可能性。遭受到金融排斥的家庭选择通过创业积累财富的可能性更低。同时，金融排斥也显著影响了创业存续期的绩效。（2）家庭金融素养越高的家庭可以有效缓解金融排斥带来的负向效应，提高家庭创业决策的可能性和家庭创业绩效。金融素养越高的个体，运用现有金融资源的能力越强，因此在遭遇金融排斥时，金融素养对创业行为有显著的支持作用。

在创业所需要的生产要素中，金融资源的配置对作出创业决策以及提高企业绩效有重要影响。近年来，中国金融领域的深化改革和开放，使内外部金融资源得到了更加合理和有效的配置，逐渐形成了市场化的金融风险防范和处置机制，也促进了金融机构在竞争中提升服务的能力。然而在此过程中，银行等金融机构为了避免出现信誉风险，会采用如缩减规模、去杠杆、精简业务等更为保守的经营策略，由此在一定程度上给部分地区和人口带来金融排斥的问题。金融排斥减少了他们获得金融服务的途径，迫使部分人群选择非正规的金融渠道，甚至选择风险较高的渠道融资。因此，金融排斥是抑制创业活动的主要因素。研究发现，并非所有遭遇了金融排斥的家庭都不参与创业活动。金融素养的提高能有效地缓解创业者面临的流动性约束，促进创业活动的开展。并且相比于未遭受到金融排斥的创业者，遭受到金融排斥的创业者更能够运用金融知识，帮助创业者优化资源配置，从而抑制金融领域不平等的再生产。

对居民创业的讨论议题从创业决策拓展到创业绩效。研究对创业决策的影响因素进行分析，有助于了解居民的创业意愿以及宏观层面的创业环境，而对创业存续和发展状况的讨论则是直接评估创业活动的实际效果。实证结果表明，金融素养显著提高了创业者的盈利能力和创业表现，强调了金融素养在创业存续期发挥的重要作用。

本章从金融排斥和金融素养角度丰富了居民创业活动的研究，对进一步推动普惠金融体系建设具有一定的启发意义：一方面，推动普惠型金融服务体系发展，降低金融排斥程度，尽可能为小微型企业创业和创业存续发展提供良好的外部环境；另一方面，在推进普惠金融服务体系发展的同时应注重提高居民的金融素养，加强对创业者培训和业务指导，推动创业者经营企业的存续发展，进而提升创业对就业和经济发展的带动作用。

第八章　数字科技背景下的家庭金融

随着互联网、大数据、云计算、人工智能、区块链等数字科技在金融行业的广泛普及和深入应用，金融科技行业应运而生，金融与科技开启了全方位、深层次的融合。当前，数字科技手段已经成为扩大金融服务可获得性、提升金融服务效率、降低金融交易成本、改善金融服务体验的重要驱动力，也为金融产品创新、金融服务升级提供了广阔的想象空间。然而，数字科技是一把“双刃剑”，在推动金融行业繁荣的同时，数字科技在金融行业的应用也带来一系列新的风险问题。[①] 在这一大背景下，家庭作为重要的微观金融主体，其金融行为势必受到金融科技发展带来的影响。鉴于此，“如何使家庭能够以较低的成本消费更多的金融产品和服务？如何使家庭能够更多地从金融发展中获益？如何保障家庭金融健康？”等理应成为当前金融监管机构和金融机构关注的热点议题。

一、数字科技背景下中国家庭金融环境分析

家庭金融行为是经济循环和金融系统运行的重要一环，鼓励家庭金融投资、保障家庭金融健康业已成为持续释放内需潜力、保障经济金融健康发展的重要抓手。2021 年，全球多国宽松的货币政策推动了全球金融资产持续增长。据相关数据统计，中国家庭金融资产总额于 2021 年达到 3. 2 万

① 赵大伟，袁佳. 矛与盾——金融科技与监管科技［M］. 北京：中国金融出版社，2021：93-94.

亿欧元，占亚洲地区金融资产总额首次超过50%，全球金融资产总额占比也由2011年的7.2%攀升至2021年的13.6%。同时，中国人均净金融资产也达到1.54万欧元，明显高于亚洲地区平均水平。①

特别是在新冠肺炎疫情的冲击下，中国社会生产和居民生活受到了较大的影响，但中国家庭金融资产总额仍然保持稳定的增长态势，呈现出较强的韧性，这主要归功于中国历年来惠民富民政策的出台和落实，以及家庭收入的稳定增长和收入结构的持续优化。随着新冠肺炎疫情防控走向精准化、规范化，相信未来中国家庭金融资产、人均净金融资产将继续保持稳步增长势头。

从发展环境来看，目前经济社会发展、政策制度安排、技术发展与应用等层面均为中国家庭金融的健康、可持续发展提供了坚实的支撑和保障。第一，经济环境层面。随着中国经济总量和居民财富总量的持续增长，家庭可用于投资金融资产的财富也随之增长。第二，社会环境层面。中国投资理财市场的健康和可持续发展、家庭投资意识有所提升、家庭投资经验的日益丰富都成为推动家庭金融发展的重要因素。第三，政策环境层面。中国不断出台相关法律法规，给金融市场健康、规范、稳定运行提供了制度保障，增强了社会公众对金融市场和投资理财行为的信心。第四，技术环境层面。互联网、大数据、云计算、人工智能、区块链等数字科技的快速发展，既为家庭提供了丰富的金融投资渠道，也为家庭了解自身风险状况、规避金融投资风险、提升金融投资水平提供了先进的技术支撑。

（一）经济环境——中国经济稳步增长、居民可支配收入持续上升，为家庭金融行为提供了坚实的物质基础

近年来，随着中国经济稳步增长、社会财富基础的持续夯实，家庭掌握着越来越多可供投资理财的资金，为家庭金融行为提供了坚实的物质基础（见图8-1）。

---

① Allianz. Allianz Global Wealth Report 2022［R］. 2022-10-14.

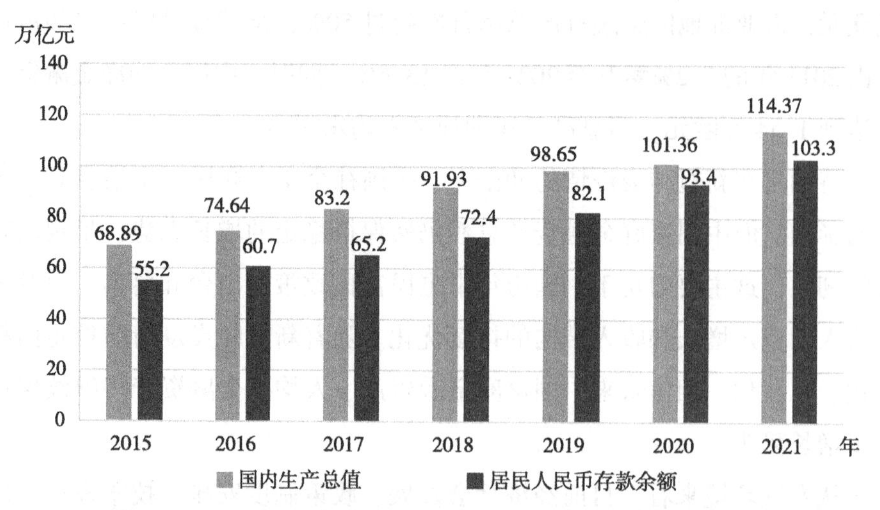

图 8-1 2015—2021 年中国国内生产总值、居民人民币存款余额

（资料来源：根据公开数据整理）

2015 年至今，中国国内生产总值和居民人民币存款余额一直保持稳定增长态势，特别是在 2020 年新冠肺炎疫情的冲击下，中国经济增长保持韧性，全年实现国内生产总值 101.36 万亿元，较 2019 年增长 2.3%，成为全球唯一实现经济正增长的主要经济体。2021 年，中国经济继续保持增长，全年实现国内生产总值 114.37 万亿元，居民人民币存款余额 103.3 万亿元。其中，2021 年居民人民币存款余额约是 2015 年的 1.87 倍，其年均增速略高于国内生产总值增速（如图 8-1 所示）。国内生产总值、居民人民币存款余额的增长意味着社会财富总额和居民可支配收入的增加，这无疑为家庭金融发展提供了肥沃的“土壤”。[①]

（二）社会环境——金融市场的健康发展、家庭投资水平持续提升，有利于助推家庭金融发展

中国居民投资理财市场的健康、有序发展为家庭金融发展创造了良好的社会环境和市场氛围。

第一，随着中国金融市场的健康发展，特别是金融科技的异军突

① 赵大伟．中国互联网消费金融相关问题研究——基于金融消费者权益保护视角［J］．金融理论与实践，2021（8）：49-56.

起，越来越多的科技企业开始凭借着技术优势、渠道优势来“跨界”提供金融服务，中国金融服务主体日益多元化，从而为中国居民提供了丰富的、可供选择的金融产品和服务。

第二，中国居民投资理财社会氛围日益优化。一是随着投资经验的不断积累，中国居民投资意识持续提升，“银行、证券、保险公司理财产品”“基金信托产品”“股票”成为中国居民偏爱的前三位投资理财方式①；二是中国居民对投资理财产品亏损的包容度有所上升，逐步形成了“谨慎投资、风险自理”的投资理财理念；三是居民对理财产品的选择逐渐回归理性，不再盲目追求高收益，而是能够选择与自身财务水平、风险承受能力相适应的投资理财产品。

第三，经过长期的发展，中国居民积累了大量的投资理财经验，特别是在信息时代下，居民能够获得投资理财知识、经验的渠道日益丰富，也有多样化的“场所”为居民开展投资理财经验交流提供便利，有利于家庭持续提升投资理财水平。

第四，金融监管机构、金融机构、科研院所对中国居民投资理财行为进行持续性的跟踪、调查、研究，为进一步促进中国居民投资理财市场的健康、可持续发展，形成居民投资理财行为和投资理财市场的良性互动，有效引导居民投资理财行为提供了理论支持。

（三）政策环境——国家密集出台相关政策，家庭投资理财行为不断走向规范化

近年来，国家为进一步规范投资理财市场出台了大量政策。投资理财政策体系不断完善，为规范投资理财行业发展，鼓励家庭和居民投资行为提供了制度保障。

随着中国资产管理业务的快速发展，家庭和居民投资理财需求得到了极大程度上的满足，同时促进社会融资结构持续走向优化，但不可忽视的是，资产管理业务仍然存在发展不规范、多层嵌套、刚性兑付、规避金融

① 张炜．促进居民储蓄向股市投资转化［N］．中国经济时报，2020-12-25.

监管和宏观调控等问题。2018 年 4 月，中国人民银行、原中国银行保险监督管理委员会、中国证券监督管理委员会、国家外汇管理局联合印发了《关于规范金融机构资产管理业务的指导意见》，着力规范金融机构资产管理业务，统一同类资产管理产品监管标准，有效防控金融风险，为鼓励家庭和居民投资理财行为提供坚实的制度基础。随后，中国金融监管机构针对投资理财行业出现的新形势、新情况，陆续出台了《商业银行理财业务监督管理办法》《商业银行理财子公司管理办法》《理财公司理财产品销售管理暂行办法》《关于规范现金管理类理财产品管理有关事项的通知》《理财公司理财产品流动性风险管理办法》等制度规定，为促进投资理财市场健康平稳发展提供了制度保障（如表 8-1 所示）。

此外，金融监管机构还出台了一系列引导性和规范性的管理办法，一方面，使家庭和居民等投资者能够更加清晰、全面地了解投资理财产品的信息，从而可以根据自身实际情况来进行选择；另一方面，可以督促金融机构开展规范经营，全面落实投资者权益保护，在投资理财产品销售及运营层面完善制度规范，实现合规经营。

表 8-1　2018 年至今中国投资理财市场主要政策一览

政策名称	颁布时间	发文机关	主要内容
《关于规范金融机构资产管理业务的指导意见》	2018 年 4 月	中国人民银行、原中国银行保险监督管理委员会、中国证券监督管理委员会、国家外汇管理局	《关于规范金融机构资产管理业务的指导意见》根据党中央、国务院“服务实体经济、防控金融风险、深化金融改革”的总体要求，按照“坚决打好防范化解重大风险攻坚战”的决策部署，坚持严控风险的底线思维，坚持服务实体经济的根本目标，坚持宏观审慎管理与微观审慎监管相结合的监管理念，坚持有的放矢的问题导向，坚持积极稳妥审慎推进的基本思路，全面覆盖、统一规制各类金融机构的资产管理业务，实行公平的市场准入和监管，最大限度地消除监管套利空间，切实保护金融消费者合法权益。《关于规范金融机构资产管理业务的指导意见》按照产品类型统一监管标准，从募集方式和投资性质两个维度对资产管理产品进行分类，分别统一投资范围、杠杆约束、信息披露等要求。坚持产品和投资者匹配原则，加强投资者适当性管理，强化金融机构的勤勉尽责和信息披露义务。明确资产管理业务不得承诺保本保收益，打破刚性兑付。严格非标准化债权类资产投资要求，禁止资金池，防范影子银行风险和流动性风险。分类统一负债和分级杠杆要求，消除多层嵌套，抑制通道业务。加强监管协调，强化宏观审慎管理和功能监管
《商业银行理财业务监督管理办法》	2018 年 9 月	原中国银行保险监督管理委员会	《商业银行理财业务监督管理办法》与《关于规范金融机构资产管理业务的指导意见》充分衔接，共同构成银行开展理财业务需要遵循的监管要求。主要内容包括：严格区分公募和私募理财产品，加强投资者适当性管理；规范产品运作，实行净值化管理；规范资金池运作，防范“影子银行”风险；去除通道，强化“穿透式”管理；设定限额，控制集中度风险；加强流动性风险管控，控制杠杆水平；加强理财投资合作机构管理，强化信息披露，保护投资者合法权益；实行产品集中登记，加强理财产品合规性管理等

续表

政策名称	颁布时间	发文机关	主要内容
《商业银行理财子公司管理办法》	2018年12月	原中国银行保险监督管理委员会	《商业银行理财子公司管理办法》对《商业银行理财业务监督管理办法》部分规定进行了适当调整，使理财子公司的监管标准与其他资管机构总体保持一致。一是在公募理财产品投资股票和销售起点方面，进一步允许理财子公司发行的公募理财产品直接投资股票；参照其他资管产品的监管规定，不在《商业银行理财子公司管理办法》中设置理财产品销售起点。二是在销售渠道和投资者适当性管理方面，规定理财子公司理财产品可以通过银行业金融机构代销，也可以通过银保监会认可的其他机构代销，并遵守关于营业场所专区销售和录音录像、投资者风险承受能力评估、风险匹配原则、信息披露等规定。参照其他资管产品监管规定，不强制要求个人投资者首次购买理财产品进行面签。三是在非标债权投资限额管理方面，根据理财子公司特点，仅要求非标债权类资产投资余额不得超过理财产品净资产的35%。四是在产品分级方面，允许理财子公司发行分级理财产品，但应当遵守“资管新规”和《商业银行理财子公司管理办法》关于分级资管产品的相关规定。五是在理财合作机构范围方面，与“资管新规”一致，规定理财子公司发行的公募理财产品所投资资管产品的发行机构、受托投资机构只能为持牌金融机构，但私募理财产品的合作机构、公募理财产品的投资顾问既可以为持牌金融机构，也可以为依法合规、符合条件的私募投资基金管理人。六是在风险管理方面，要求理财子公司计提风险准备金，遵守净资本、流动性管理等相关要求；强化风险隔离，加强关联交易管理；遵守公司治理、业务管理、交易行为、内控审计、人员管理、投资者保护等方面的具体要求。此外，根据“资管新规”和“理财新规”，理财子公司还需遵守杠杆水平、集中度管理等方面的定性和定量监管标准

续表

政策名称	颁布时间	发文机关	主要内容
《理财公司理财产品销售管理暂行办法》	2021年5月	原中国银行保险监督管理委员会	《理财公司理财产品销售管理暂行办法》主动顺应理财产品销售中法律关系新变化，充分借鉴同类资管机构产品销售监管规定，并根据理财公司特点进行了适当调整。一是合理界定销售的概念，结合国内外实践，合理界定销售内涵，主要包括以一定形式宣传推介理财产品、提供理财产品投资建议，以及为投资者办理认（申）购和赎回。二是明确理财产品销售机构范围，理财产品销售机构包括销售本公司发行理财产品的理财公司和代理销售机构。代理销售机构现阶段为其他理财公司和吸收公众存款的银行业金融机构。三是厘清理财公司（产品发行方）与代理销售机构（产品销售方）之间的责任，要求双方在各自责任范围内，共同承担理财产品的合规销售和投资者合法权益保护义务。四是明确销售机构风险管控责任，明确理财产品销售机构董事会和高级管理层责任，要求指定专门部门和人员对销售业务活动的合法合规性进行管理。五是强化理财产品销售流程管理，对宣传销售文本、认赎安排、资金交付与管理、对账制度、持续信息服务等主要环节提出要求。六是全方位加强销售人员管理，从机构和员工两个层面分别提出管理要求。七是切实保护投资者合法权益，要求建立健全投资者权益保护管理体系，持续加强投资者适当性管理，把合适的理财产品销售给合适的投资者。八是要求信息全面登记，要求代理销售合作协议、销售结算资金的交易情况以及销售人员信息依规进行登记
《关于规范现金管理类理财产品管理有关事项的通知》	2021年5月	原中国银行保险监督管理委员会、中国人民银行	《关于规范现金管理类理财产品管理有关事项的通知》整体上与货币市场基金等同类资管产品监管标准保持一致，主要内容包括：明确现金管理类产品定义；提出产品投资管理要求，规定投资范围和投资集中度；明确产品的流动性管理和杠杆管控要求；细化“摊余成本+影子定价”的估值核算要求；加强认购赎回和销售管理；明确现金管理类产品风险管理要求，对采用摊余成本法进行核算的现金管理类产品实施规模管控，确保机构业务发展与自身风险管理水平相匹配

续表

政策名称	颁布时间	发文机关	主要内容
《理财公司理财产品流动性风险管理办法》	2021年12月	原中国银行保险监督管理委员会	制定《理财公司理财产品流动性风险管理办法》是落实《关于规范金融机构资产管理业务的指导意见》《商业银行理财业务监督管理办法》《商业银行理财子公司管理办法》等制度要求的具体举措。《理财公司理财产品流动性风险管理办法》要求理财公司应当建立健全理财产品流动性风险管理制度与治理结构，指定部门设立专门岗位、配备充足具备胜任能力的人员负责理财产品流动性风险管理。承担理财产品投资运作管理职责的部门负责人对该理财产品的流动性风险管理承担主要责任。理财公司应当指定部门负责理财产品流动性风险压力测试，并与投资管理部门保持相对独立。理财公司应当采取有效措施加强第三方合作管理，确保及时充分获取相关信息，满足理财产品流动性风险管理需要。《理财公司理财产品流动性风险管理办法》要求理财公司加强理财产品认购、赎回管理，依照法律法规及理财产品合同的约定，合理运用理财产品流动性管理措施，以更好维护投资者合法权益。合理运用管理措施还有助于保持投资策略的相对稳定，为投资者获取长期投资、价值投资收益。此外，《理财公司理财产品流动性风险管理办法》还明确，理财公司应当在合同中与投资者事先约定理财产品未来可能运用的流动性管理措施，并按规定向投资者披露理财产品面临的主要流动性风险及管理方法、实际运用措施情况，维护投资者知情权，促进其形成合理预期，作出理性决策

资料来源：根据中国人民银行、原中国银行保险监督管理委员会、中国证券监督管理委员会、国家外汇管理局官网公开资料整理。

（四）技术环境——数字科技的兴起，为家庭金融发展提供了强大的技术支撑

一方面，大数据、人工智能、云计算、区块链等数字科技与各产业深度融合，赋能产业转型升级优化，相关产业面临“再次洗牌”，家庭金融行业也必将经历这一过程。另一方面，借助大数据、人工智能、云计算、区块链等数字科技，家庭金融行为拥有了强有力的技术支撑，使家庭能够以更便捷的方式、更低的成本、更高效（更能获利）的手段消费金融产品和服务。

当前，数字科技与家庭金融行为开启了深度融合的序幕。互联网及物联网、人工智能、云计算、大数据等数字科技日新月异，在家庭金融领域得到广泛应用。数字科技对家庭金融行为赋能不仅只是单一的科技赋能，更是借助科技之力，不断加深家庭与金融行业两者之间互融互通，使家庭金融行为的数字化程度不断提高。在数字化的大背景下，整个家庭金融行业都将面临深刻变革，从科技更新换代到场景建设创新，家庭金融与数字科技在相互融合中将焕发出勃勃生机。特别是在新冠肺炎疫情的冲击下，社会生产与家庭生活方式都发生着巨大的改变，“非接触式”生产生活方式的出现，对“互联网+”的依赖程度越来越高，进而对金融数字化的需求也日益增加。以“在线经济”“非接触经济”为代表的线上模式得到金融行业的广泛认可，线上渠道价值凸显。[①] 家庭金融也将借助线上化渠道，实现转型发展，不断提高数字化水平，在业态、模式、产品创新方面实现突破，为进一步提高家庭金融服务的效率，为家庭获取更好的金融服务体验奠定基础。

① 中小银行互联网金融（深圳）联盟，金融壹账通，金融科技50人论坛．中小银行金融科技发展研究报告（2021）[R]．2021-11.

二、数字科技发展给家庭金融带来哪些新机遇

随着数字科技与家庭金融行业融合程度的不断深化，金融服务供给主体日益多元化，各种创新型金融经营模式层出不穷，不仅对于提升金融服务可获得性、降低金融交易成本、提高金融交易效率、改善金融服务体验大有裨益，也为家庭享受金融发展带来的红利提供坚实的技术支撑。①

数字科技在金融行业的广泛应用，一方面，使家庭金融行为能够摆脱地域限制，家庭不再需要去物理网点，可以使用“无接触”“在线”等方式办理金融业务；另一方面，家庭金融行为也能够摆脱时间的限制，家庭可以依托互联网全天候（7×24 小时）消费金融产品和服务。②

（一）数字科技的应用能够帮助金融机构降低运营成本，从而可以将更多的资源用于改善家庭金融服务体验

在数字科技的大背景下，金融机构大力拓展线上渠道，依托互联网渠道向家庭提供金融产品和服务，节省了大量用于物理网点建设、运营和维护的成本；也没有雇用大量工作人员办理业务，节省了大量的人员薪酬、社会保障和培训等支出。金融机构可以将上述支出运用在研发新兴科技、加强数据分析能力与风控能力、改善内部管理与运营流程等领域，全面提升家庭金融服务体验。

（二）数字科技有助于金融机构拓展服务范围，提升了家庭获取金融服务的可能性

数字科技给金融行业带来的突出优势在于渠道（如电子商务平台、社交软件、媒体软件等），其多样化、便捷、低成本的渠道能够帮助家庭快

① 陆磊，姚余栋．新金融时代［M］．北京：中信出版社，2015：3-35.

② 赵大伟．中国互联网银行风险与监管研究［J］．浙江金融，2018（1）：3-8.

速获得资金支持。此外，数字科技的应用使得部分金融机构能够采取与大型金融机构分层次、错位发展的战略，可以服务于较为弱势的家庭，利用普惠型贷款缓解弱势家庭面临的“金融排斥”难题。

（三）数字科技有助于金融机构提升服务效率，能够迅速响应家庭的金融需求

一方面，数字科技使金融业务能够“在线”办理，家庭通过 PC 或手机 App 就可以快速办理金融业务，节省了去传统银行网点排队办理业务的时间和成本；另一方面，数字科技极大地提升了金融机构处理金融业务的速度。特别是在借贷业务方面实现了“闪电到账”，当家庭提出贷款申请后，金融机构最快在 5 秒内就能计算出其可贷款额度，借款最快在 30 分钟内就可以到账，能有效满足家庭的临时性、应急性资金需求。

（四）数字科技有助于打造丰富的场景，能够切实帮助家庭解决流动资金紧张的困难

随着数字科技的发展与应用，家庭的金融需求变得越来越分散，更多的消费场景逐渐由线下转移到线上。当前，数字科技可以借助场景化优势，通过电子商务平台、社交软件、媒体软件等渠道将家庭金融需求与金融资源相连接，向家庭提供实时的金融服务。同时，基于数字科技的金融服务“嵌入”性较强，可以深入家庭工作、社交、购物、学习等诸多日常的工作、生活场景中，实时关注家庭资金需求并向其提供及时、应景的流动资金支持。

（五）数字科技使金融业务模式更加灵活，能够向家庭提供多样化的金融服务

家庭可以随时随地通过网络申请贷款，全程无纸化。金融机构可以提供纯信用贷款，既无须担保也无须抵押，向家庭提供资金支持。金融机构

可基于大数据分析技术对家庭信用状况、风险状况与现实需求进行综合评估，对家庭给予预授信额度，方便家庭随用随申，使贷款变得更为简单快速。此外，金融机构还能借助数字科技提供按日计息的贷款产品，家庭可以随借随还，有效解决日常周转和应急性资金需求。

（六）数字科技可以助力家庭提升金融素养，并通过自我"画像"进一步提升风险管理水平

一方面，家庭可以通过多样化的学习载体和丰富的场景，随时随地学习金融知识，可以通过论坛、微博、公众号学习丰富的投资理财经验，可以通过公安、法院、工商系统的反欺诈软件获悉最新的欺诈案件信息，及时吸取经验教训，避免自身金融权益受到侵害。另一方面，家庭可借助大数据技术，对自身风险承受能力进行测评，可以根据家庭成员学历和工作信息、家庭收入情况、投资经验、负债情况以及风险承受能力的差异，选择符合自身风险承受能力的投资理财产品、借贷产品。对于风险承受能力较强、收入稳定、信用良好、有借贷经验的家庭而言，既可以选择高风险、高收益的投资理财产品，也可以根据家庭资金需求提升借贷额度，并根据自身良好的信用记录享受相对较低的贷款利率水平；而对于风险承受能力较差、收入不稳定甚至缺乏收入来源、经常出现信贷违约、缺乏借贷经验的家庭而言，则应选择稳健性投资理财产品，适当回避高风险投资，根据家庭需要适度借贷，避免掉入"借贷陷阱"，出现借新还旧的现象。①

此外，由于数字科技的可得性，家庭可以实时关注自身风险承受能力、收入状况、负债情况、信用情况等变化，利用大数据分析技术随时对自身进行"画像"，随时调整家庭的投资理财策略和借贷策略，在享受金融发展带来的红利的同时不断提升自身的风险管理水平。②

① 李东荣．提升消费者数字金融素养需多方协力［J］．清华金融评论，2020（6）：23-24.
② 伍旭川．互联网金融监管的方向与路径研究［J］．吉林金融研究，2014（9）：1-8.

三、数字科技在金融行业的应用给家庭金融带来的风险问题

数字科技在金融行业的普及与应用并没有改变金融行业跨期交易和信用交换的本质，因此，金融行业存在的风险都会体现在金融科技领域且演化出新的风险特征。如前文所述，数字科技在为金融行业发展注入强劲动力的同时，也赋予了金融行业一系列新的风险特征。① 同样，家庭金融在发展过程中也不可避免地需要应对数字科技应用带来的风险挑战。

（一）数字科技使金融风险更加隐蔽、传播速度更快、传播范围更广、影响更加恶劣，导致家庭面临的风险威胁增大

一方面，科技公司开始“跨界”提供金融服务，模糊了传统金融服务边界，金融服务主体更加多元化，多主体、多种业务相互渗透关联使得金融风险更加复杂、更具有隐蔽性。特别是随着数字科技元素的加入，使原本就已经很复杂的金融产品和服务变得更加复杂，远远超出了家庭的金融知识范畴，为家庭选择投资理财产品、借贷产品和保险产品等带来了阻碍。

另一方面，金融机构依托数字科技提供 7×24 小时全天候金融服务，在无形中加快了金融风险传播速度、扩大了金融风险影响范围，特别是金融风险事件更容易引发社会群体性事件，在较大范围内造成恶劣影响，使家庭金融安全暴露在更大的风险之下。

（二）部分金融科技平台违法违规经营是威胁家庭金融安全的主要因素

虽然数字科技的应用会给金融行业带来新的风险，也会使家庭金融安

① 孙国峰，等．监管科技蓝皮书：中国监管科技发展报告（2020）［M］．北京：社会科学文献出版社，2021：1-36.

全面临更多的威胁，但应该清晰地认识到数字科技本身是中性的，目前家庭金融发展面临的主要威胁还是由于金融科技平台违法违规经营行为造成的。特别是在新冠肺炎疫情导致经济增速放缓、金融监管手段不足、金融消费者风险意识缺乏的情况下，金融科技平台违法违规经营，会给家庭投资理财、借贷等金融行为带来严重威胁，不仅会导致家庭金融资产受到损失，也会影响家庭其他财产的安全，还会使家庭成员的个人信息、数据面临泄露的风险，从而对家庭金融行为的健康发展造成不良影响。在这种情况下，未来金融监管的重点应集中在整治和打击金融科技平台违法违规经营行为领域，给依法合规经营的金融科技平台、家庭金融发展创造一个健康规范、竞争有序的市场环境。

（三）固有技术风险和数据风险的存在可能影响家庭金融服务体验

金融机构通过互联网渠道满足家庭金融需求，依托大数据、云计算和人工智能等技术提供快捷、低成本的金融产品和服务，避免了在线下铺设网点的高成本。互联网、先进的技术和架构牢靠的交易平台系统、基于移动终端的 App 是当前金融机构提供金融服务所必不可少的基础设施，一旦发生技术选择失误、技术落后、黑客攻击、平台系统与硬件不兼容等问题，金融机构将面临巨大的资源浪费和效率损失，也可能会使家庭在一段时期内无法登录投资理财软件，无法进行买入、赎回等操作，影响家庭正常金融收益；在极端情况下，甚至可能影响家庭正常的还贷行为，给家庭信用带来负面影响。特别是人工智能技术还处于发展初期，其基于“相关性”的算法容易导致决策不可预期、缺乏逻辑性。如果其算法被黑客攻破，不仅会影响家庭金融服务体验，还会对家庭金融资产安全产生极大的威胁。

目前，大数据分析结果是金融机构决策、家庭投资理财决策的重要参考依据，虚假、片面的数据将会对金融机构、家庭产生不可估量的负面影响。然而，即使数据质量合格，大数据分析结果也可能落入“虚假关系”陷阱。如果家庭过度依赖于大数据分析技术，可能会出现投资理财决策失误，造成家庭金融资产损失的情况。特别是在金融机构、家庭大范围使用大数据分析技术时，由于大数据分析技术依赖的数据、算法、运行机制基本趋同，可能出现投资理财决策趋同的极端情况，反而会影响家庭正常的金融收益。此外，数据存储、传输、使用过程中也可能存在风险，金融机构及其工作人员的工作失误、违规操作极可能危害家庭及其成员的数据安全。

（四）家庭金融权益保护面临更严峻的挑战

数字科技在金融领域的广泛应用使更多家庭能够享受金融发展红利的同时，也带来了家庭及其成员信息泄露、过度负债等问题，家庭金融权益保护面临更严峻挑战。第一，在开放的互联网环境下，网络支付和移动支付给不法分子窃取家庭及其成员信息和数据提供了可能；通过各类投资理财 App、电子商务平台、支付平台和社交软件，不仅能够收集家庭及其成员的身份信息，还可以掌握家庭及其成员的消费习惯、支付偏好、社交网络等行为数据。一旦发生技术缺陷、员工失职等情况，家庭及其成员隐私将面临巨大的泄露风险。第二，家庭及其成员信息被过度采集的现象依然存在。第三，数字科技的应用降低了金融服务门槛，低收入或无收入家庭也可以申请无抵押、无担保的贷款，这部分家庭由于缺乏固定的收入来源或收入不稳定，一旦还款困难，就难免借新还旧、“以贷养贷”，从而背负沉重的债务。特别是风险暴发时，这部分家庭风险抵御能力差，更容易受到风险冲击。

（五）对风险的处置主要集中在事后阶段，预防性干预手段不足可能造成家庭金融资产损失的不可逆

由于监管资源有限、监管手段不足等因素，金融风险处置还是集中在事后管理，事前预警和事中防范能力较为薄弱。数字科技与金融行业的融合极大地加快了金融创新的步伐，使金融监管滞后于金融创新的问题越发突出。金融科技风险案件一般具有暴发和传染速度快、影响范围广、涉及金额大等特点，由于缺乏有效的事前和事中管理手段，金融监管机构只能被动的在风险暴发后进行处置和纠正，但给家庭及其成员造成的经济损失

和恶劣影响则难以消除，可能会给家庭金融资产带来不可逆的损失。

（六）数字科技应用带来的“垄断”风险可能会侵害家庭的金融权益

数字科技在金融行业的应用无疑对金融服务效率的提升大有裨益，但也难以避免部分平台将科技优势转化为“垄断优势”，出现滥用家庭及其成员数据和信息，通过“轰炸式”推送进行过度营销；通过“夸张式”宣传，夸大投资理财产品收益同时弱化风险，诱导家庭及其成员消费与其风险承受能力不相匹配的投资理财产品；通过“贴标签”的方式，引诱家庭及其成员过度借贷；通过垄断数据阻碍行业公平竞争；凭借渠道和流量“垄断优势”，变向增强家庭及其成员黏性等问题，从而影响家庭及其成员在渠道、产品和服务方面的选择。

四、利用数字科技促进家庭金融发展的趋势与展望

一方面，在数字科技时代，金融机构可以进一步将互联网、云计算、大数据、人工智能和区块链等技术导入业务、运营管理系统，充分发挥数字科技助力家庭金融发展的驱动作用。另一方面，金融监管机构也应加强数字科技在金融监管领域的应用，为家庭金融发展提供和谐、稳定的环境。

（一）金融机构可以考虑深耕互联网渠道，进一步提升家庭金融服务体验

新冠肺炎疫情对金融机构线下经营带来了巨大的冲击。2020 年 2 月 14 日，原中国银行保险监督管理委员会发布了《关于进一步做好疫情防控金融服务的通知》，要求金融机构“加强科技应用，创新金融服务方式，提高线上金融服务效率，积极推广线上业务，优化丰富‘非接触式服务’渠

道，提供安全便捷的‘在家’金融服务”。[①] 金融机构可以在政策指引下，充分发挥数字科技在提供线上金融产品与提高金融服务能力方面的优势，深耕互联网渠道布局，推出多样化的线上金融服务，提供更符合家庭多样化需求的“非接触”式金融服务，助力家庭在后疫情时代可以顺利进行生产和生活。

（二）金融机构可以尝试打造综合性服务云平台，向家庭提供一站式的云端金融服务

金融机构可以利用数字科技进行资源整合，打造包括金融教育、投资理财、借贷、收入支出管理、信用评估、保险等诸多金融业务的综合性家庭金融服务平台，在满足家庭投资理财和借贷需求的同时，帮助以前被“排斥”在金融体系之外的家庭建立数字信用记录和档案，并通过多样化的教育形式培育家庭风险管理、适度消费、投资理财、保险、信用以及学习的主动性，在助力家庭金融行业健康有序发展的基础上，为家庭能够享受更丰富的金融服务奠定基础。在业务实践中，金融机构可以依托数字科技带来的“嵌入”性优势，推出个性化、定制化的借贷产品、理财投资产品、信用成长规划以及金融教育计划，为家庭提供全链条、全方位的数字化、“一站式”金融服务。此外，金融机构还可以凭借渠道优势，从金融、生活服务、社交、电商、餐饮、娱乐、出行、旅游等日常生活各方面入手，打造一站式应用服务平台，将家庭的生产生活需求与资金供给有机地连接起来。

（三）金融机构可以基于大数据技术对家庭进行“画像”，对家庭金融服务进行全流程管理

金融机构可以基于大数据技术建立完善的反欺诈体系，并借助互联网渠道、手机 App 随时向家庭发送相关信息，有效地提升风控效率及精准

---

① 原中国银行保险监督管理委员会官网．中国银保监会办公厅关于进一步做好疫情防控金融服务的通知［EB/OL］．2020-02-14．http：//www.gov.cn/zhengce/zhengceku/2020-02/16/content_5479561.htm.

度。金融机构可利用大数据技术对家庭进行“画像”并分层，根据家庭综合收入情况、负债情况、风险承受能力、投资理财水平、信用水平等因素，评估家庭风险水平，并以此作为向其推送投资理财产品的依据，同时也可以将“画像”结果作为是否放贷以及确定放贷额度的依据，实现对家庭借贷风险的前置甄别。金融机构也可以借助大数据风控技术进一步提高风险管控的主动性、及时性和精准性，对家庭的投资理财、借贷业务进行事后监测和风险预警，当家庭购买与其风险承受能力不相匹配的投资理财产品、借贷额度超出风险承受阈值时，金融机构能够及时向家庭发出预警信息，提醒其理性投资、合理借贷。

（四）金融机构应努力利用人工智能技术进一步降本增效

金融机构可以利用人工智能技术改善家庭投资理财和贷款的业务模式，降低人工成本，有效控制风险，提升家庭金融服务体验。例如，循环神经网络可用于文档关键信息识别，金融机构面对海量的家庭数据和信息，利用该技术能够准确识别关键信息，提高工作效率。自动编码器技术则可确保金融业务的安全性，缩短风险识别的时间，使金融服务更加便捷高效。深度强化学习技术则可用在金融资源配置方面，摒弃人工判断受到家庭某类数据特征的干扰，提高金融资源配置有效性。

（五）金融机构可以考虑家庭金融服务全流程“上链”，利用区块链技术破解信息不对称、违约处置难等困境

区块链技术信息公开透明、不可篡改、重视契约精神等特点，与金融机构助力家庭金融发展的内在要求高度契合。第一，区块链技术能够实现信息公开透明性，可以如实反映家庭的综合收入情况、负债情况、风险承受能力、投资理财水平、信用水平等信息，不仅有助于提升投资理财产品推送、贷款审批的效率和准确率，也能解决因信息不对称给投资理财和贷款决策带来的不利影响。第二，在贷款业务中，智能合约能够约束家庭按照事先约定的用途使用贷款资金，降低家庭违约风险；在家庭购买投资理

财产品的过程中，智能合约能够确保金融机构按照约定来确定投资组合，确保被投机构按照约定的用途使用家庭投入的资金，进一步降低风险发生的概率，保障家庭资金安全。第三，守约和违约的相关信息将获得数字记录且在全网公开，有助于帮助家庭建立信用档案，为未来更好地消费金融产品和服务奠定良好的信用基础。

（六）金融监管机构应加大整治金融科技平台不正当竞争工作力度

金融监管机构应着力清理规范金融科技平台的不正当经营、竞争行为。高风险、高收益金融产品应严格执行投资者适当性标准，强化信息披露要求。金融监管机构应及时清理金融科技平台通过自有资金补贴、交叉补贴提供高回报金融产品的行为。针对金融科技违法违规活动隐蔽性强的特点，发挥社会监督作用，建立举报制度，为金融科技监管提供线索。落实“重奖重罚”制度，提高金融科技平台违规违法经营成本；加强失信、投诉和举报信息共享。

（七）金融监管机构可以以监管科技创新应对数字科技在金融行业应用带来的风险

基于互联网、云计算、大数据等信息化技术，金融监管机构可以探索构建监管科技整体框架，从宏观层面掌握金融行业（特别是金融科技）的整体发展情况，及时采集、分析、报送行业数据，预测可能出现的风险点，提供预警信息服务；从微观层面收集金融服务平台、家庭及其成员的行为数据，及时发现违法违规经营行为，监控可疑资金流向，排查问题网站和 App，向各类金融平台提供安全防护服务。

（八）开展“监管沙盒”测试，全面验证分析数字科技在家庭金融领域的适用性

“监管沙盒”测试对于验证分析数字科技在家庭金融领域应用的安全性和适用性具有不可忽视的重要作用。通过开展“监管沙盒”测试，可以监测数字科技在家庭金融业务中的运行状况，及时发现技术漏洞；可以全面验证新技术的应用是否会对家庭及其成员的金融权益产生侵害，是否会引发新的风险问题和安全问题，从而能够将数字科技应用给家庭金融发展带来的风险问题限制在一定范围内。

第九章　金融科技、家庭金融与金融消费者权益保护：机遇、挑战与对策

金融消费者是金融市场的主要参与者，也是金融行业健康、有序、可持续发展的主要推动力。从目前家庭金融主体的角度来看，无论是一人家庭还是多人家庭，金融行为和决策实际上都是由个体金融消费者承担的，因此，加强金融消费者权益保护，是提振家庭金融投资信心，提升家庭金融风险管理能力，让家庭能够更充分享受金融发展红利的重要手段。为了全面保护金融消费者各项合法权益，规范金融机构提供金融产品和服务的行为，维护公平、公正的市场环境，促进金融市场健康稳定运行①，中国政府陆续出台一系列指导意见和管理办法，包括《国务院办公厅关于加强金融消费者权益保护工作的指导意见》（2015 年）、《中国人民银行金融消费者权益保护实施办法》（2020 年）、《银行保险机构消费者权益保护管理办法》（2022 年）。此外，各级地方人民政府也根据自身实际，牵头制定了地方性金融消费者权益保护工作指导意见，基本搭建起符合中国国情、覆盖面广的金融消费者权益保护政策体系。

当前，随着金融科技的异军突起，数字科技在为加强金融消费者权益保护工作提供技术支撑的同时，也使金融消费者暴露在新的风险之下，给金融消费者权益保护工作带来了新的挑战。② 鉴于此，在厘清金融科技背

---

① 中国人民银行官网．中国人民银行令〔2020〕第 5 号（中国人民银行金融消费者权益保护实施办法）[EB/OL]．http：//www.pbc.gov.cn/tiaofasi/144941/144957/4099060/index.html.

② 尹优平．构建金融科技时代的金融消费权益保护体系 [J]．当代金融家，2020（Z1）：46-49.

景下金融消费者权益保护面临的新机遇、新挑战的基础上，研究如何进一步加强金融消费者权益保护、促进家庭金融发展具有十分重要的理论价值和现实意义。

一、金融科技背景下金融消费者权益保护面临的新机遇

在金融科技发展的大背景下，数字科技的应用将为建立健全金融消费者权益保护机制，全面落实金融机构保障金融消费者各项权益的主体责任提供坚实的技术支撑，也为建立起包括金融监管机构、自律组织、金融机构与金融消费者在内的金融消费者权益保护体系提供了新的机遇。[①]

（一）数字科技的应用能够充分保障金融消费者权益

1. 数字科技的应用有助于建立金融消费者适当性制度

金融机构可以借助大数据技术，对金融消费者进行精准“画像”，根据金融消费者风险承受能力、风险认知水平和风险偏好等因素，将其划分成为不同类型的群体，然后再根据金融产品和服务的复杂性、风险水平以及收益水平的不同，将不同类型的金融产品和服务与不同类型的金融消费者群体进行合理匹配。[②] 此外，还需要根据金融消费者收入水平、财务状况、风险偏好以及投资理财经验的积累，对金融消费者群体划分进行动态调整，以确保家庭能够从金融发展中获得最大化收益。

2. 数字科技的应用有助于保障金融消费者财产安全权

一方面，数字科技在金融机构合规业务中的应用，能在最大限度上保障金融产品和服务的安全性，能有效避免金融机构违法违规的经营行

① 程雪军，尹振涛．互联网消费金融创新发展与监管探析［J］．财会月刊，2020（3）：147-153.

② 白志红．数字普惠金融发展的社会经济价值研究［J］．统计与管理，2020（8）：112-121.

为，从而保障金融消费者和家庭的财产安全；另一方面，随着监管科技的发展和普及，金融监管机构能够及时、准确地发现侵害金融消费者和家庭财产安全的行为，做到“早发现、早干预”，能够在金融消费者和家庭的财产受到侵害前就介入干预，实现财产安全保护工作“前置”。

3. 数字科技的应用有助于保障金融消费者知情权

按照信息披露的要求，金融机构需要在网站和 App 上明示金融产品和服务的相关信息，同时向金融消费者提示金融消费可能存在风险。在宣传金融产品和服务时，不能承诺保本保收益、不能过分夸大收益、掩盖可能存在的风险，避免出现误导金融消费者决策的虚假宣传。同时，金融消费者也可以通过多种渠道，验证核实金融机构及其提供的金融产品和服务的信息和数据，在充分掌握相关信息的基础上合理匹配风险和收益。

4. 数字科技的应用有助于保障金融消费者自主选择权

数字科技在金融领域的应用极大地拓展了金融产品和服务的可获得性，使金融消费者和家庭能够以较低的成本在诸多金融产品和服务之间进行自由选择。同时，金融服务已经完成了向“以客户为中心”的转变，金融机构（特别是金融科技公司）已经开始围绕着金融消费者和家庭的需求，设计更具个性化的金融产品和服务。同时，金融消费者和家庭从多样化渠道（网站、论坛、微博、App 以及微信群）不断提升金融素养，也为其履行自主选择权奠定了基础。

5. 数字科技的应用有助于保障金融消费者公平交易权

在金融科技时代，金融监管机构有必要引导金融机构坚持“科技向善”的理念，利用数字科技加强金融消费者权益保护。引导金融机构利用数字科技手段，进一步杜绝违反公平原则的交易，合理配置金融消费者责任。

6. 数字科技的应用有助于保障金融消费者依法求偿权

数字科技的应用为金融消费者依法求偿创造了多样化、低成本的渠道。在传统金融时代，当金融消费者合法权益受到侵害时，金融消费者依法求偿的成本较高，可能花费较多的时间和资金；而在金融科技时代，金融消费者完全可以通过互联网渠道主张合理的求偿权，可以通过网络人工客服、智能客服、反馈邮件、客户评价等多种渠道，以低成本、快速便捷的方式来履行求偿权。当求偿遇阻时，金融消费者可以通过互联网金融信息举报平台等途径向金融监管机构、行业自律组织寻求支持和帮助。同时，数字科技的应用可以使金融消费者能够随时随地查询求偿进展，可以提高金融消费者投诉处理的质量和效率，并将金融消费者权益受侵害事件的处理过程置于社会公众的广泛监督之下。

7. 数字科技的应用有助于保障金融消费者受教育权

金融监管机构、金融机构、行业自律组织可以通过互联网渠道，以较低的成本对金融消费者进行金融知识的普及和教育，能够在最大限度上保障金融消费者教育的可获得性、广泛性和持续性；可以借助大数据技术，向金融消费者推送其亟须的金融知识，满足其应急性的金融消费需求；可以有针对性地对“银发”、学生及低收入群体进行金融知识的普及；可以在金融消费者通过网站或App购买金融产品和服务时，以弹窗等形式向其普及该产品和服务的相关知识并进行风险提示。此外，数字科技的应用和普及也使金融消费者能够以较低的成本（甚至“零成本”）、多样化的方式、及时地获得其所需的金融知识，对提高金融消费者的金融认知能力、自我保护能力以及提升金融消费者金融素养和诚实守信意识有所助益。

8. 数字科技的应用有助于保障金融消费者受尊重权

如前所述，金融科技时代下，金融产品和服务是“以客户为中心”来设计和提供的，这些金融产品和服务更符合金融消费者需求、更具个性化。同时，数字科技的大量应用，使金融机构（或金融科技公司）在设计金融产品时，能够充分尊重金融消费者的人格尊严和民族风俗习惯，也可以有效避免出现因金融消费者性别、年龄、种族、民族或国籍等不同进行歧视性差别对待。

9. 数字科技的应用有助于保障金融消费者信息安全权

值得注意的是，当前金融消费者信息过度采集、信息滥用和信息泄露的风险事件时有发生，严重影响了金融消费者信息安全。金融监管机构、金融机构均有义务利用科技手段加强金融消费者信息保护。首先，可以考虑加强存储服务器的研发与资金投入，使用安全的备份技术方法，保障金融消费者信息的存储安全；其次，考虑建立基于数字科技的数据生命周期管理体系，覆盖数据采集、数据传输、数据储存、数据使用、数据删除、数据销毁等全流程，实现数据管理与防护“无死角”；再次，考虑全面提升终端防护能力，有效应对网络攻击，避免数据和信息泄露；最后，使用先进的数据加密和数字脱敏等技术，既保证数据安全，也保障数据的可使用性。

（二）数字科技在金融消费者权益保护中的应用

随着互联网、大数据、云计算、人工智能以及区块链等数字科技的快速发展及广泛应用，金融科技异军突起，不仅对于提高金融服务的可获得性、改善金融服务效率、降低金融交易中信息不对称性大有裨益，也能够在保护金融消费者权益等领域提供有力的技术支持。

1. 借力数字科技发展，丰富金融消费者权益保护手段

保护金融消费者权益要着力提升精准程度，而提升精准程度的关键就在于实现“因案制宜、因人施策”，在具体工作中，要分析和查摆侵害金融消费者权益的真正原因，准确定位根源，直接从根源上入手解决侵害金融消费者权益的问题，按照“侵害不同权益采用不同方法、侵害主体不同采用不同方法”的原则，有针对性、有差别地实现保障，实现金融消费者权益保护手段的多样化。随着金融科技的不断发展，更多的互联网企业、科技企业开始“跨界”提供金融服务，非金融机构开始利用科技手段提供

更加便捷、低成本的金融服务，实现了金融服务主体的多元化，但也不可避免地给金融行业带来新的风险挑战。鉴于此，开展金融消费者权益保护，有必要将金融机构和非金融机构结合起来，在金融监管机构、行业自律组织的引导下，探索建立基于数字科技手段的多元化主体有机结合的金融消费者权益保护体系，为开展更有针对性、更贴近金融消费者实际需求、更能有效处理金融消费者权益受侵害等问题提供技术支持。①

2. 利用大数据技术和人工智能实现“精准画像”，实现精准定位和精准维权

第一，通过大数据技术全面、准确地收集侵害金融消费者权益事件的信息和数据，为开展精准维权提供依据。大数据技术能够帮助金融消费者权益保护主体从多个渠道全面、准确收集权益侵害事件多维度的信息，不仅包括侵权主体的信息，也包括受侵害的金融消费者信息；既包括侵权事件的详细信息，也包括能够适用的法律法规和以往案例等。此外，也可以帮助金融监管机构、行业自律组织建立信息查询渠道，核实提供金融服务的各类机构是否存在侵害金融消费者权益的记录等信息。基于此，实现对侵害金融消费者权益事件的“精准画像”，反映侵害金融消费者权益事件的真实情况。

第二，通过人工智能为开展精准维权“献计献策”。在全面、准确获取金融服务主体、金融消费者和相关权益侵害事件数据和信息的基础上，通过人工智能助力金融消费者权益保护主体建立起一套能够精准识别侵权事件、分析侵权原因、确定维权方式的信息评价系统，降低人为评价、干预和处理带来的主观影响，增强金融消费者权益保护工作的科学性和公信力。通过信息评价系统，金融消费者权益保护主体可以基于不同权益受侵害的实际情况，通过数据挖掘和统计分析方法分析侵权原因，制定出适用于不同类型侵害事件、契合金融消费者实际需求、直击侵权主体“痛点”的维权方式，从而真正实现精准维权。

第三，通过大数据技术可以及时掌握金融消费者权益保护的变化情

① 曾刚，刘伟．强化金融消费者保护，促进金融回归本源［EB/OL］．2020-09-24. https://baijiahao.baidu.com/s?id=1678668845010676273&wfr=spider&for=pc.

况，在金融服务主体出现明显违法违规经营行为、关联方出现重大风险、负面舆情持续增多等情况时，基于人工智能在第一时间向金融消费者发送预警提示信息，建议金融消费者及时关注风险状况，避免造成财产损失。同样，当金融服务主体及时纠正违法违规经营行为、一段时期内经营状况良好、资金充裕且未出现负面情况反映时，人工智能也能够及时向金融消费者发出提示信息，解除之前的预警提示，实现“及时掌握、科学评估”，真正将精准定位侵害事件、精准维护金融消费者权益落到实处。

3. 基于区块链技术和智能合约，有效保障金融消费者权益

区块链技术是一串使用密码学方法相关联产生的数据块，每一个数据块中包含了一次网络交易的信息，用于验证其信息的有效性和生成下一个区块。[①] 区块链在保障交易者身份信息安全的基础上，将所有交易信息盖上时间戳后在网络内实时广播并发送到网络内的每一个节点，由所有节点共同验证达成“共识”，从而实现“无须信任”的创新型信用系统。

区块链技术信息不可篡改、公开透明的特点可以在一定程度上保障金融消费记录真实有效，可以让金融消费者权益少受或免受侵害。一方面，区块链上每一个节点都保存着所有交易信息的副本，修改信息的成本将会非常高，至少需要掌握超过全网51%以上的运算能力才有可能修改信息，修改成本可能远超预期收益。因此，区块链技术能够保证每一笔被记录的金融消费信息都是没有篡改的、真实有效的，为处理金融消费者权益侵害事件提供可靠依据。另一方面，区块链是一种公开记账技术，交易信息公开透明，保证所有交易都是可查询的，有利于金融监管机构全面把握金融消费者权益侵害事件的详细信息，实现对金融消费者维权的全方位、全流程监管。此外，智能合约的应用也可以保障金融消费者的资金安全。基于智能合约，为每笔用于金融消费的资金附加一串代码，当资金使用符合使用计划时，则自动执行交易，资金可以正常使用；当出现任何改变资金使用计划的情况时，智能合约将自动终止交易，冻结违规使用的资金，同时记录违规信息并在向金融监管机构、自律组织和金融消费者发出

① 刘财林．区块链技术在中国社会信用体系建设中的应用研究［J］．征信，2017（8）：28-32.

预警信息，从而保障资金不被挤占挪作他用，充分保障金融消费者的资金安全。[①]

4. 通过数字科技手段，完善金融消费者权益保护的配套保障措施

首先，借助数字科技手段，完善金融消费者权益保护基础设施建设。着力解决维权渠道少且不畅通、维权手段不足、金融信息化程度低等难题，通过互联网渠道、大数据和人工智能技术进一步畅通金融消费者维权渠道、丰富金融消费者维权工具和手段、降低金融消费者维权成本，避免出现因为维权成本高、维权手段不足，导致金融消费者放弃维权，从而助长金融服务主体忽视金融消费者权益的情况，也为开展精准定位和精准维权提供基础条件。

其次，基于大数据技术开展金融服务主体评级工作。可以考虑由金融监管机构或行业自律组织，建立基于大数据技术的金融服务主体评级系统，根据其历史上金融消费者权益保护的情况，对其进行评级并在相关平台向金融消费者公开，同时实现“一家评级、多方认可”的模式，为金融消费者选择金融服务主体提供参考依据。

再次，通过数字科技手段，提高金融消费者金融知识水平，让金融消费者能够通过消费金融产品和金融服务享受金融发展红利。金融监管机构和金融机构可以通过互联网或者线下渠道，有针对性地做好金融宣传教育工作，形成金融观念、金融知识、信用意识齐头并进的良性金融生态环境，为金融消费者加强自身建设提供智力支撑。

最后，构建包括金融监管机构、行业自律组织、金融服务主体、金融消费者在内的金融消费者权益保护综合平台，加强各金融消费者权益保护主体之间的协调配合和工作对接，形成政策合力，为开展金融消费者权益保护提供组织保障。

---

① 赵大伟．区块链能拯救 P2P 网络借贷吗？[J]．金融理论与实践，2016（9）：41-44.

二、金融科技背景下金融消费者权益保护面临的新挑战

如前所述，数字科技的发展与应用有助于推动金融消费者权益保护、促进家庭金融健康有序发展。但不可忽视的是，部分金融服务主体（尤其是金融科技平台）利用数字科技手段进行了大量的业务和服务创新，超出了当前金融监管的能力范围，同时创新行为也使金融风险的形态、传染路径和安全边界发生重大变化，给金融消费者权益保护带来新的挑战。

（一）监管真空和监管套利风险的存在，使金融消费者权益面临新的风险

在金融科技快速发展的大背景下，大型科技公司“跨界”提供金融服务，但其提供的金融业务却未完全被纳入金融监管。同时，其“一地注册、跨区域经营”的特点为监管套利创造了机会。此外，大型科技公司也存在不承担信用风险却坐收高额费用等问题，对金融消费者权益保护形成了新的挑战。部分大型科技公司利用互联网技术及用户信息，与银行共同出资，向全国范围内的金融消费者提供小额、短期的网络信用贷款，可能造成以下风险。

一是从事金融服务但缺乏明确规则和要求，存在监管套利风险。从部分大型科技公司在联合贷款中发挥的作用看，其金融属性远大于技术属性，大型科技公司全程参与贷款业务，其提供的金融产品与银行提供的小额贷款无本质差别，但目前对于大型科技公司的资本、拨备、流动性等缺乏明确规则和要求，与持牌金融机构形成不公平竞争。同时，由于大型科技公司掌握了最关键的风控模型，实际承担了授信评估、风险定价和贷后管理等一系列核心职能，而这些核心的风险管理相关职能也都游离于金融监管之外，为滋生侵害金融消费者权益的行为提供了可能。

二是杠杆率突破了监督规定。根据《关于加强小额贷款公司监督管理

的通知》规定，小贷公司合计杠杆规模不得超过净资产的5倍。但在实际操作中，部分大型科技公司的杠杆率已超过监管要求，一旦资金链断裂，金融消费者权益（特别是资金安全）将无法得到保护。

三是变相突破限制跨区域经营，增加风险外溢。小额贷款公司经营网络小额贷款应当主要在注册地所属省级行政区域内开展，但部分金融科技平台借助与商业银行开展“联合贷款”突破区域经营范围的限制，客户区域分布向全国范围扩散，在无形中放大了金融消费者面临的风险。

四是银行成为资金通道，难以有效甄别风险。在网络联合贷款流程中，金融科技平台负责贷前审核、贷后管理、催收保全等环节，合作银行缺少金融消费者支付场景的第一手资料，对贷款流向的管控能力有限，银行在其中的角色更多是资金通道，无法有效甄别风险，也无法承担保护金融消费者权益的责任。

（二）部分金融科技平台成为具有系统重要性的金融控股公司，潜藏巨大交叉风险和传染性风险

一是部分金融科技平台通过股权投资等方式广泛涉足金融行业，集团内跨行业、跨领域金融产品相互交错，关联性强，顺周期性更显著，且由于网络覆盖面宽，经营模式、算法趋同，金融风险传染将更为快速，可能在极短时间内迅速演变为系统性风险，对金融消费者权益形成巨大威胁。[①]

二是部分金融科技平台规模巨大，服务对象众多，一旦出险可能引发系统性风险。部分金融科技平台不仅提供金融服务，还涉及社交、电子商务、传媒、搜索引擎等多项业务，其金融业务服务对象通常是传统金融机构覆盖不到的长尾人群。这类金融消费者通常缺乏较为专业的金融知识与投资决策能力，从众心理严重，当市场出现大的波动或者市场状况发生逆转时，容易出现群体非理性行为，长尾风险可能迅速扩散，形成系统性金融风险。

① 周戛铄．大互联网企业开展金融业务更易触发系统性风险［N］．金融时报，2020-11-02.

（三）诱导低收入甚至无收入的金融消费者过度消费，易引发偿债风险

部分金融科技平台针对年轻群体、低收入群体推出的网络借贷产品申请门槛低，审核程序较为简单，效率高，且可以通过移动互联网随时随地办理。显而易见，网络贷款的易获得性、金融需求长期未获得满足等因素的存在，使得金融消费者容易忽略自身风险承受能力、收入水平等因素，更倾向于进行“超额借贷”“过度借贷”，但这部分金融消费者收入不稳定且缺乏抵押物，一旦还不起贷款，很容易就会陷入“借新还旧、以贷养贷”的泥潭。

（四）因数据和客户资源优势，寡头垄断和不正当竞争隐患凸显，侵害金融消费者选择权的现象仍然存在

金融消费者需要获取大型科技公司的技术和资金支持，但又基本不具有对等谈判能力，只能服从大型科技公司制订的服务规则，从而不得不在选择权方面作出让渡。大型科技公司通过直接补贴或利用其他业务盈利进行交叉补贴等不公平竞争方式抢占金融市场份额，使自己成为“赢家”，然后通过合作和兼并等方式将竞争对手（和潜在竞争对手）挤出市场，还利用技术强化市场支配性地位，进一步巩固其优势，从而形成垄断，导致金融消费者面临“选无可选”或“二选一”的窘境，只能“被迫”消费大型科技公司提供的金融产品和服务。①

（五）数据集权与信息安全风险相互交织，侵害金融消费者权益的行为时有发生

数据是金融科技的核心资源，各金融科技平台天然就有依靠数据获利的倾向，从金融科技近几年的发展来看，以金融创新之名行违法犯罪之

---

① 周琳琳，史峰．市场失灵、行为监管与金融消费者权益保护研究［J］．金融监管研究，2018（2）：84-93.

实，侵犯个人隐私、侵害金融消费者权益的行为时有发生。[①] 主要表现为以下几个方面。

一是过度采集金融消费者数据和信息。金融科技平台在提供金融服务的同时大量收集金融消费者的数据和信息，对金融消费者隐私构成重大威胁。2020 年 3 月，《南方都市报》联合中国金融认证中心对 143 款互联网金融 App 进行了测试，发现读取与场景无关的用户数据非常普遍。此外，金融消费者在安装金融 App 时，需要获取电话、访问通讯录、访问相册、获取位置等权限，并要求用户“一揽子”选择“允许”或“取消”。

二是未经授权使用金融消费者数据和信息。金融科技平台经常把未经金融消费者授权的数据加工、提炼，分析金融消费者的消费偏好，有针对性地推送商品、广告等，并以此来获利。

三是存在数据泄露风险。金融数据大部分与实名绑定，且涉及资金的流通，一旦金融消费者数据保管不当或遭受网络攻击造成数据泄露，就会导致金融消费者隐私泄露，并造成财产损失和人身安全隐患。

四是技术未经检验，存在技术不成熟所造成的风险。技术创新的目的是服务创新，金融科技平台如果忽视了金融服务的本源，盲目地追求技术创新，特别是那些没有经过很好验证的技术，一旦系统运行起来，致命的技术缺陷和算法漏洞会引发大面积系统性风险，不仅会影响金融消费者体验，更会对金融消费者的资金安全产生负面影响。

（六）监管者和被监管者混同，可能隐藏侵害金融消费者权益的隐患

目前，北京、天津、广州、重庆、西安、贵阳等地方政府都与科技公司合作开发监管科技系统，如北京市与蚂蚁集团合作开发了“北京金融风控驾驶舱”、深圳金融办与腾讯公司合作研发了“灵鲲”金融安全大数据监管平台。这种金融科技平台“既当裁判员，又当运动员”的关系错

---

① 陈彦达，王玉凤，张强．中国金融科技监管挑战及应对［J］．金融理论与实践，2020（1）：49-56.

位，可能掩盖了其侵害金融消费者权益的行为。①

一方面，由于软件系统的复杂性和软件研发的特殊性，当金融科技平台通过大数据、云计算技术收集与处理金融消费者的数据和信息、开展风险管理，金融监管机构很难掌握这些技术的核心算法和规则，难以识别可能存在于系统中的“后门”和“黑箱”，导致金融监管机构可能无法及时阻止、识别、处理金融科技平台侵害金融消费者权益的行为。另一方面，当金融科技平台将机器学习和人工智能技术融入到日常合规管理中，就能够在技术和系统层面满足保护金融消费者权益的监管要求，并规避因侵害金融消费者权益带来的监管处罚，还能够寻找现有金融消费者权益保护制度和技术漏洞，从而逃避保护金融消费权益的责任甚至会发生侵害金融消费者权益的行为。②

（七）部分平台利用媒体和社会影响力引导金融消费者情绪和行为，破坏了金融消费者权益保护的社会氛围

目前，部分金融科技平台涉及行业众多，不仅提供金融产品和服务，也提供金融基础设施（包括监管科技技术和平台），更涉及媒体、社交软件和电子商务平台等。凭借着多样化的宣传渠道和媒体优势，这些金融科技平台不仅获得了网络话语权，还可能引导金融消费者的情绪和行为，很可能出现“绑架民意”引导公众舆论、倒逼金融监管的现象，从而破坏了和谐的金融消费者权益保护氛围，并最终会引发侵害金融消费者权益的行为。

---

① 赵大伟，李建强．智能金融时代［M］．北京：人民日报出版社，2021：59-67.

② 赵大伟．监管科技的能与不能［J］．清华金融评论，2019（5）：54-56.

三、金融科技背景下加强金融消费者权益保护、促进家庭金融发展的对策建议

近年来，随着数字科技与金融开启全方位融合的序幕，数字科技已经逐渐成为金融创新的核心驱动力，对于扩大金融服务覆盖、提高金融服务效率、降低金融交易成本大有裨益。但值得注意的是，数字科技在为金融行业发展注入强劲动力的同时，也赋予了金融行业一系列新的风险特征，对中国金融消费者权益保护工作形成了新的挑战。当前，越来越多的科技公司开始凭借技术优势、流量优势和场景优势“跨界”提供金融服务，金融服务主体呈现多元化趋势，金融服务边界越发模糊，使金融风险更加隐蔽复杂，传播范围更广，传播速度呈几何倍数增加，进而导致金融系统整体脆弱性增加，系统性金融风险爆发概率上升，金融消费者权益保护工作形势日趋严峻。在此背景下，立足中国金融创新日新月异、风险复杂多变的实际，探索出适应当前和未来一个时期金融消费者权益保护的宏观政策框架和实践路径，就显得尤为迫切。

（一）强化宏观审慎管理，防范系统性风险，优化金融消费者权益保护整体环境

大型科技公司进入金融领域并发展成为“大而不能倒”的系统重要性大型金融服务主体，应明确其金融企业属性，将其纳入金融控股公司监管框架。从机制上隔离实业与金融板块，将持牌金融机构纳入金融控股公司框架，并将科技与金融交叉融合形成的金融产品和服全部纳入监管，对所有金融业务严格落实“穿透式”监管。同时，要建立一套适用于金融科技新业态的微观和宏观审慎监管指标体系，为进一步优化金融消费者权益保护工作提供积极健康的整体社会氛围。①

① 周矍铄．大互联网企业开展金融业务更易触发系统性风险［N］．金融时报，2020-11-02.

（二）严格市场准入，全面推行功能监管，从源头上减少侵害金融消费者权益事件发生的概率

坚持金融持牌经营原则，根据金融科技业务特征，按照相关业务类别进行监管，坚持监管一致性原则，以维护公平竞争、防止监管套利。[①] 如对于小贷公司开展联合贷款的，不得跨省级行政区域开展贷款业务；在单笔联合贷款中，明确限制小额贷款公司的出资比例；对开展联合贷款设置额外的股东最低出资要求等。从制度规范、业务运营等方面对金融服务主体提出具体的要求，防止部分金融科技平台变相突破政策底线导致侵害金融消费者权益的现象。

（三）引导科技公司向“授人以渔”的业务模式发展，为金融服务主体提供金融消费者权益保护工作水平提供技术支持

按照“开展金融业务必须持有金融牌照”原则，引导科技公司向金融的“能力教练”角色发展，通过“授人以渔”的业务发展模式，不仅应向金融服务主体提供全渠道获客、精细化运营、大数据实时风控、全流程降本增效等技术和业务解决方案，也应在强化金融消费者权益保护工作方面加强合作，科技公司应努力回归科技输出的“最佳实践”，全面帮助金融服务主体提升服务金融消费者能力，最终达到更好地保障金融消费者权益的目的。

（四）建立科技驱动型监管体系，以科技手段应对科技带来的风险，以科技手段保障金融消费者权益

在金融科技时代，以技术为手段、以数据为核心、以“监管沙盒”为试验田的金融科技监管是一条值得探索的道路。一是建立全面完善的数据收集系统，重点关注金融服务主体的持续运营能力和风险控制能力。二是

① 第一财经社论．金融业务全面纳入监管防风险于未然［EB/OL］．2021-03-16. https：//www.yicai.com/news/100988060.html.

构建大数据分析和风险预警机制，依靠大数据、人工智能、云计算和区块链等技术，提前发现预防金融风险的发生，为保障金融消费者权益提供强有力的依据。三是完善金融消费者权益保护配套保障措施，重点关注金融服务主体的技术基础设施监管，对金融服务主体的基础性和关键性信息系统定级备案和等级测试，要求建立防火墙、入侵检测、数据加密以及灾难恢复等网络安全设施和管理制度，完善技术风险规制制度，采取技术手段和管理制度保障信息系统安全稳健运行，并定期检查监督。[①]

（五）加强数据权益管理，建立数据流转和价格形成机制，充分保障金融消费者信息和数据的安全

数据确权是数据市场化配置以及报酬定价的基础性问题，目前各国的法律都还没有准确界定数据财产权权益的归属。在金融科技时代，大型科技公司实际上拥有数据的控制权，应进一步明确各方面的数据权益，确保数据生产要素公平合理优化配置，并以此推动完善的数据流转和价格形成机制，为保障金融消费者信息和数据安全提供制度保障。此外，在推动相关基础设施建设时，充分考虑大数据及其处理要求，并作为金融服务主体的重要基础设施予以规划和发展，将保障金融消费者信息和数据安全工作内化到金融服务主体的管理理念和管理文化之中。[②]

（六）加大整治金融服务主体不正当竞争工作力度，营造诚信、守正的金融行业经营环境

清理规范金融服务主体的不正当经营、竞争行为。高风险高收益金融产品应严格执行投资者适当性标准，强化信息披露要求。金融监管机构应及时清理金融服务主体通过自有资金补贴、交叉补贴或使用其他客户资金向客户提供高回报金融产品的行为。针对当前金融服务主体违法违规活动

---

① 孙国峰，等．中国监管科技发展报告（2019）［M］．北京：社会科学文献出版社，2019：28-41.

② 杨东．监管科技：中国金融科技监管挑战及应对［J］．中国社会科学，2018（5）：69-91+205-206.

隐蔽性强的特点，发挥社会监督作用，建立举报制度，为金融监管提供线索。落实“重奖重罚”制度，提高金融服务主体违规违法经营成本；加强失信、投诉和举报信息共享。

（七）全面监控金融服务主体的经营行为，确保其稳健运行，进一步降低侵害金融消费者权益事件发生的概率

金融监管机构、行业自律组织有必要对金融服务主体的经营行为进行实时监测，可以基于区域性的行业云平台，将同类型的金融服务主体纳入相应云平台进行实时监测和管理，通过模型技术来实现不同规模企业之间的信息比对，及时发现运营异常的企业。通过大数据平台 7×24 小时不间断采集金融服务主体的运营信息，实现对金融服务主体运营风险信息的高效、全方位分析和处理，及时发现违法违规经营线索。通过区块链技术，让金融监管机构、自律组织和金融服务主体同时上链，实现金融服务主体信息可查询和交易可追踪，杜绝虚假信息和不实宣传；同时对每笔资金附加智能合约，一旦出现违反合同约定使用资金的行为，资金将被立即冻结并在区块链上进行广播，通知金融监管机构对违规使用资金问题进行及时处置。[①]

（八）加强金融消费宣传教育，保护金融消费者权益

为增强金融消费者金融决策能力、风险意识和契约精神，各类金融服务供给主体都要加强金融宣传教育，倡导理性消费文化，谨防盲目攀比、超前消费和过度借贷，培育良好的金融消费群体。对于发生的侵害金融消费者权益问题，金融监管机构在查处持牌金融机构的同时，对相关金融服务主体也要开展延伸调查。针对寡头垄断行为，要就相关公司是否存在滥用市场支配地位等情况，组织开展专项调查。加强反垄断和反不正当竞争执法，防止赢者通吃，“店大欺客”，充分保护金融消费者自主选择权和公平交易权。

---

① 赵大伟．中国互联网消费金融相关问题研究——基于金融消费者权益保护视角［J］．金融理论与实践，2021（8）：49-56.

[illegible]

（七）全面规范金融服务主体的经营行为，确保其稳健运行，进一步防范和化解金融消费者权益事件发生的概率

[illegible]

（八）加强金融消费宣传教育，保护金融消费者权益

[illegible]